AF640304

Wissenschaftliche Taschenbücher

Mathematik · Physik

P. Paufler · G. E. R. Schulze

Physikalische Grundlagen mechanischer Festkörpereigenschaften II

Akademie-Verlag · Berlin

WTB

Wissenschaftliche Taschenbücher

Zuletzt erschienene Bände:

JOACHIM AUTH / DIETMAR GENZOW
KLAUS H. HERRMANN
Photoelektrische Erscheinungen

Festkörperphysik
Entwicklungstendenzen und
Anwendungsmöglichkeiten

GERHARD GEISELER / HEINZ SEIDEL
Die Wasserstoffbrückenbindung

W. S. LETOCHOW
Laserspektroskopie

HANS LUPPA
Grundlagen der Histochemie
Teil I und II

HORST REMANE / RAINER HERZSCHUH
Massenspektrometrie
in der organischen Chemie

J. V. SAČKOV
Wahrscheinlichkeit und Struktur

E. M. SAWIZKI
Perspektiven der Metallforschung

Die Schöpfer der physikalischen Optik
Eine Artikelsammlung

VOLKMAR SCHURICHT
Kernexplosionen für friedliche Zwecke

MICHAEL THEILE
SIEGFRIED SCHERNECK
Zellgenetik

GERHARD WUNSCH
Zellulare Systeme

Vorschau
auf die nächsten Bände:

JOACHIM BELLACH / PETER FRANKEN
ELKE WARMUTH / WALTER WARMUTH
Maß, Integral
und bedingter Erwartungswert

EDUARD HERLT / NIKOLAUS SALIÉ
Spezielle Relativitätstheorie

LOTHAR JÄGER
Grundlagen
der klinischen Immunologie

KARLHEINZ LOHS
Entgiftung — Mittel,
Methoden und Probleme

WOLFGANG MEILING
Digitalrechner
in der elektronischen Meßtechnik
Teil I — Meßmethodik
Teil II — Gerätetechnik und
Anwendungen

ALBRECHT ROST
Messung
dielektrischer Stoffeigenschaften

HANS-GEORG SCHÖPF
Von Kirchhoff bis Planck
Theorie der Wärmestrahlung
in historisch-kritischer Darstellung

NORBERT SIEBER
HANS-PETER LEIDHOLD
Einführung in die Datenverarbeitung

RENATE WAHSNER
Mensch und Kosmos
Die copernicanische Wende

WTB

BAND 238

Peter Paufler / Gustav E. R. Schulze†

Physikalische Grundlagen mechanischer Festkörpereigenschaften II

Mit 99 Abbildungen und 19 Tabellen

AKADEMIE-VERLAG · BERLIN

Reihe MATHEMATIK UND PHYSIK

Herausgeber:

Prof. Dr. phil. habil. W. Holzmüller, Leipzig
Prof. Dr. phil. habil. A. Lösche, Leipzig
Prof. Dr. phil. habil. H. Reichardt, Berlin
Prof. Dr. phil. habil. K. Schröder, Berlin
Prof. Dr. rer. nat. habil. H.-J. Treder, Potsdam

Verfasser:

Doz. Dr. sc. nat. Peter Paufler
Prof. (em.) Dr. phil. habil. Gustav E. R. Schulze†
Sektion Physik der Technischen Universität Dresden

1978
Erschienen im Akademie-Verlag, 108 Berlin, Leipziger Straße 3—4
© Akademie-Verlag Berlin 1978
Lizenznummer: 202 · 100/451/78
Herstellung: VEB Druckhaus „Maxim Gorki“, 74 Altenburg
Bestellnummer: 762 537 4 (7238) · LSV 1184
Printed in GDR
DDR 8,— M

Berichtigungszettel

Teil I

S. 64	9. Z. v. u.	lies: zeigt V_{EZ} zu statt: zeigt zu V_{EZ}
S. 68	Fußn. 2	lies: k_B statt: k
S. 93	7. Z. v. u.	lies: $(\boldsymbol{b}_2 \times \boldsymbol{e}_{S2})$ statt: $(\boldsymbol{b}_2 \times \mathbf{s}_2)$
S. 106	2. Z. v. u.	Beginn der Fußnote 2!
S. 114	9. Z. v. u.	lies: $= (2/b) \sin (\vartheta/2)$ statt: $= (2/b) \qquad \sin (\vartheta/2)$
S. 115	11. Z. v. o.	lies: $x_1 [x_1^2$ statt: $x_1 (x_1^2$
S. 117	9. Z. v. o.	lies: Koinzidenz statt: Kominzidenz
S. 128	9. Z. v. u.	lies: NOWICK; NOWICK statt: NOWICK, NOWICK

Teil II

S. 14	Abb. 5.4	lies: Abszisse ε
S. 132	12. Z. v. o.	lies: $(1/6)\ [\bar{1}\bar{1}1]$ statt: $(a/6)\ [\bar{1}\bar{1}1]$

WTB Paufler/Schulze I u. II (7229 und 7238) 7625083 und 7625374

Inhaltsverzeichnis

Inhaltsverzeichnis von Teil I

Form der Verweise im Text:

Verweis	Hinweis auf
5.1	Kapitel 5.1
(5.1)	Gleichung (5.1)
Tab. 5.1	Tabelle 5.1
Abb. 5.1	Abbildung 5.1

5. Plastizität (Übersicht)

Deformation mit bleibender Formänderung nach Entlastung heißt plastisch (vgl. 1). Wir wollen uns in diesem Teil zunächst einen Überblick über dieses technisch so ungewöhnlich wichtige Phänomen verschaffen und anschließend die physikalischen Grundlagen einzelner Abschnitte des Prozesses erörtern.

5.1. *Plastische Deformation*

Angesichts ihrer Verschiedenheit (vgl. auch Abb. 1.1) ist es zweckmäßig, elastische und plastische Deformation voneinander zu trennen. Der Tensor $\mathbf{e}^p$ der plastischen Deformation wird als Maß der irreversiblen Teilchenlageänderung analog zu 2.2.1. als Ortsableitung der plastischen Verrückung $\boldsymbol{u}^p$

$$\mathbf{e}^p \equiv \frac{\partial \boldsymbol{u}^p}{\partial \boldsymbol{r}} = \boldsymbol{\epsilon}^p + \boldsymbol{\omega}^p \qquad (5.1)$$

eingeführt. Der symmetrische Anteil heißt plastische Verzerrung $\boldsymbol{\epsilon}^p$, der antisymmetrische plastische Drehung $\boldsymbol{\omega}^p$. Die plastische Drehung ändert die Form des Körpers nicht und kann außer Betracht bleiben. Der plastischen ist stets die elastische Verzerrung $\boldsymbol{\epsilon}^e$ überlagert. Die Gesamtverzerrung ist demnach die Summe

$$\boldsymbol{\epsilon} = \boldsymbol{\epsilon}^e + \boldsymbol{\epsilon}^p . \qquad (5.2)$$

In Abb. 5.1 sind die Unterschiede schematisch dargestellt. $\boldsymbol{\epsilon}^e$ ist mit $\boldsymbol{\epsilon}$ vom Teil 2 identisch. $\boldsymbol{\epsilon}^p$ wird sehr oft

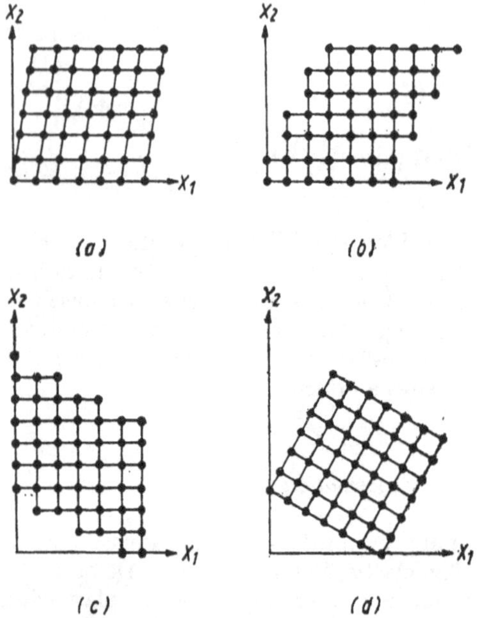

Abb. 5.1. Schematische Darstellung der Gestaltänderung, die (*a*) mit elastischer Deformation $e^e_{12} > 0$, (b), (c) mit plastischer Deformation $e^p_{12} > 0$ bzw. $-e^p_{21} > 0$ und (d) mit plastischer Drehung $2\omega^p_{12} = e^p_{12} - e^p_{21}$ verbunden ist.

auch als plastische Deformation bezeichnet. Wo Verwechslung nicht zu befürchten ist, werden die Indizes fortgelassen.

Im Gegensatz zu $\boldsymbol{\epsilon}^e$ (vgl. 2.5) weist $\boldsymbol{\epsilon}^p$ keinen eindeutigen Zusammenhang mit der Spannung $\boldsymbol{\sigma}$ auf. $\boldsymbol{\sigma}(\boldsymbol{\epsilon}^p)$ hängt vielmehr von der Vorgeschichte ab und ist keine reine Materialeigenschaft. Die Vorgeschichte bestimmt die Realstruktur[1]) und umfaßt sowohl den Herstellungsvor-

[1]) Auf Einzelheiten kommen wir später zurück. Zur plastischen Verformung können Versetzungsbewegungen, Diffusionsvorgänge und Phasenumwandlungen (einschließlich Zwillingsbildung) beitragen. Über damit verknüpfte Realstrukturänderungen ist z. T. schon in den Teilen 3 und 4 berichtet worden.

gang (Kristallisation, Kondensation) als auch dem Experiment vorausgegangene Zustandsänderungen (einschließlich eventueller Vorverformung). Da Festkörper mit gleicher oder vergleichbarer Vorgeschichte und Idealstruktur unter gleichen Verformungsbedingungen gleiche oder vergleichbare funktionelle Zusammenhänge $\sigma(\epsilon^p)$ zeigen, kommt der Kenntnis und dem Verständnis dieser Beziehung erhebliche praktische Bedeutung zu.

5.2. *Spannungs-Dehnungs-Diagramm*

Wird der Kraftbedarf während eines technischen Umformprozesses über dem Stempelweg aufgetragen, ergibt sich ein Diagramm, das von einer Reihe Versuchsparameter neben den eigentlichen Werkstoffeigenschaften abhängt; im Falle des sog. Fließpressens (vgl. Abb. 5.2) z. B. vom Matrizenöffnungswinkel 2α, dem Umformgrad $\varphi = \ln(A_0/A_1)$, den Rohteilabmessungen, dem Oberflächenzustand, der Schmierung gegeneinander bewegter Berührungsflächen usw. Hinzu kommt, daß die in einem solchen Prozeß gewöhnlich als werkstoffspezifisch angesehenen Parameter auf komplexe Weise vom Spannungszustand (d. h. vom Verfahren) beeinflußt werden (vgl. z. B. LANGE).

Eine physikalische Begründung des Werkstoffverhaltens konnte aber nur auf experimentellen Daten aufbauen, die möglichst frei von Einflüssen des Verfahrens blieben und quantitativ hinreichend gut definiert sind. Homogene einachsige Spannungszustände und Einkristalle als Untersuchungsobjekte beherrschen daher die Grundlagenuntersuchungen.[1]) Der einfache Zugversuch soll

[1]) Wie wir noch sehen werden, handelt es sich bei der plastischen Verformung um ein physikalisch sehr viel schwierigeres Problem als z. B. bei dem der elastischen Deformation. Daher dauerte es auch sehr lange, bis einige (noch keineswegs alle) grundsätzliche Fragen geklärt werden konnten. Inzwischen mußten die Bedürfnisse der Anwender durch Prüfmethoden befriedigt werden, deren Resultate erfahrungsgemäß schnell eine Qualitätsbeurteilung vorliegender Werkstoffe zuließen. Der Verzicht auf physikalische Erklärung hatte jedoch zur Folge, daß der Begriffsapparat sehr verschieden von dem der

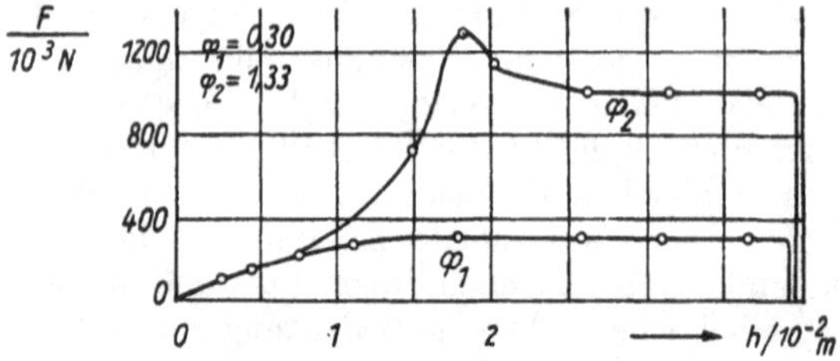

Abb. 5.2. a) Abhängigkeit der Stempelkraft F vom Stempelweg h für das Hohl-Vorwärts-Fließpressen von Stahl (C 15). Als Schmiermittel diente eine Phosphatschicht und MoS_2-Pulver. $\alpha = 70°$, $A_0 = 11{,}3\ cm^2$ (nach SCHMOECKEL)

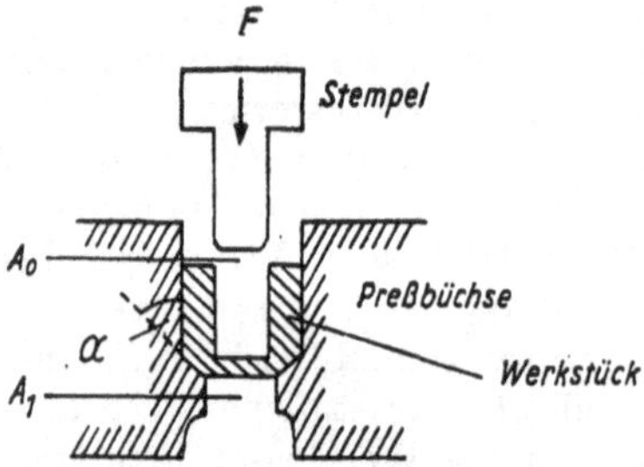

b) Schematische Darstellung des zugehörigen Umformverfahrens, bei dem aus einem Napf oder einer Hülse eine Hülse mit verminderter Wanddicke hergestellt wird (materialsparend!). A_0, A_1 Querschnittsflächen vor und nach dem Durchdrücken.

als Beispiel einer (quasi-)statischen[1]) Versuchsführung zur Erläuterung einiger Begriffe herangezogen werden.[2]) Aus dem Kurvenverlauf Kraft (F) — Verlängerung (Δl)

Grundlagenuntersuchung ausfiel. Erst in jüngster Zeit wird der Versuch unternommen, die getrennte Entwicklung durch eine gemeinsame Sprache zusammenzuführen.

[1]) Gelegentlich wird unter statischer Versuchsführung nur eine solche mit $\partial\sigma/\partial t \approx 0$ (Kriechen) verstanden. Als dynamisch gelten Experimente mit hoher Geschwindigkeit der Belastung, wie z. B. Härtemessungen, Stoßwellen.

[2]) Im Zugversuch wird die Probe in Stab-, Draht- oder Streifenform mit möglichst großem Verhältnis Länge/Durchmesser meist einer konstanten Längenänderungsgeschwindigkeit ausgesetzt und die dazu notwendige Kraft $F(t)$ registriert.

wird durch Bezugnahme auf Ausgangsquerschnitt A_0 und Ausgangslänge l_0 das Spannungs-Dehnungs-Diagramm $\sigma(\varepsilon)$ mit $\sigma = F/A_0$ und $\varepsilon = \Delta l/l_0$ berechnet.[1]) Abb. 5.3 enthält ein Beispiel.

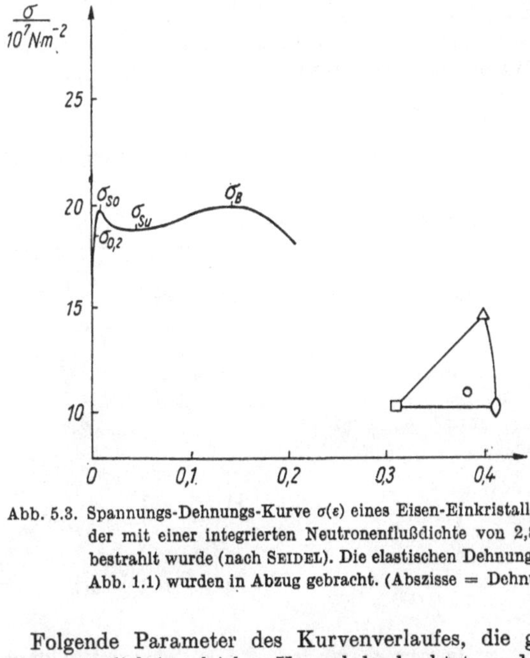

Abb. 5.3. Spannungs-Dehnungs-Kurve $\sigma(\varepsilon)$ eines Eisen-Einkristalles bei 230 K, der mit einer integrierten Neutronenflußdichte von $2{,}8 \cdot 10^{16}$ n/cm² bestrahlt wurde (nach SEIDEL). Die elastischen Dehnungsanteile (vgl. Abb. 1.1) wurden in Abzug gebracht. (Abszisse = Dehnung ε)

Folgende Parameter des Kurvenverlaufes, die gewöhnlich nicht sämtlich im gleichen Versuch beobachtet werden können, lassen sich erfahrungsgemäß zur Kennzeichnung des Festigkeitsverhaltens heranziehen: die Proportionalitätsgrenze σ_P, oberhalb der das HOOKEsche Gesetz keine gute Näherung darstellt; die Elastizitätsgrenze σ_E; die Anelastizitätsgrenze σ_A (vgl. Abb. 1.1); die (obere) Streckgrenze $\sigma_{S0} = F_S/A_0$, bei der $\mathrm{d}F/\mathrm{d}l$ erstmals $\leqq 0$[2]); die untere Streckgrenze σ_{Su}, für die nach Überschreiten

[1]) Bezugnahme auf den momentanen Probenquerschnitt A ist ebenfalls üblich. $\sigma_w = F/A$ heißt wahre Spannung. Es ist $\sigma_w = \sigma(1 + \varepsilon)$.

[2]) Der Anwender eines technischen Werkstoffes ist i. allg. an übertragbaren Kräften mehr als an Spannungen interessiert.

von σ_{S0} erstmals $dF/dl \geqq 0$; die Zugfestigkeit $\sigma_B = F_{max}/A_0$ als Maß für vom Probekörper während des Versuches maximal aufgenommene Kraft[1]); die 0,2-Dehngrenze $\sigma_{0,2} = F_{0,2}/A_0$ für Festkörper ohne Streckgrenze als Maß der Kraft $F_{0,2}$, die die Probe um 0,2% bleibend gedehnt hat[2]); die Bruchdehnung $\delta = (l_B - l_0)/l_0$ mit l_B als Länge im Augenblick des Bruches; die Brucheinschnürung $\psi = (A_0 - A_B)/A_0$, wo A_B der Querschnitt der Bruchfläche ist.[3]) Experimentelle Daten enthält Tab. 5.1. Bruch tritt bei einer Kraft $F_F = \sigma_F A_0$ ein.

Tabelle 5.1
Kennwerte des Festigkeitsverhaltens einiger Festkörper (nach LANDOLT-BÖRNSTEIN)

	$\sigma_B/10^7$ Nm^{-2}	$\sigma_{S0}/10^7$ Nm^{-2}	δ/%	ψ/%	$\sigma_{0,2}/10^7$ Nm^{-2}
Reineisen (99,8···99,9%, feinkörnig)	28,6	17,3	50	93	
Reinsteisen (0,001 % C)	19,3···20,6	4,1···5,5	36···46	> 90	
Stahl (0,26 C; 0,10 Si; 0,4 Mn; 1,1 Cr; 0,2 Mo, 3,9 Ni	154	132	10		125,6
Rhenium	113		24	21,7	31,7
Nickel	31,6				5,8
Kupfer, rein	20,6···24,6		40···60		3···10
Uran (40 °C)	36		6	14	13,7

[1]) Falls die wahre Spannung σ_w (vgl. Fußn. 1, S. 11) aufgetragen ist, findet man F_{max} über $d(A\sigma_w) = 0$. Daraus folgt $-dA/A = d\sigma_w/\sigma_w = dl/l$ mit l als momentaner Probenlänge (Inkompressibilität!). Wegen $d\sigma_w/\sigma_w = (dl/l_0) \times (l_0/l) = \{d(l - l_0)/l_0\} \{l_0/(l_0 + \Delta l)\}$ hat man $d\sigma_w/d\varepsilon = \sigma_w/(1 + \varepsilon)$. $\sigma_{max} = F_{max}/A'$ ergibt sich deshalb als diejenige Spannung, bei der eine Tangente durch $\varepsilon = -1$ die Kurve $\sigma_w(\varepsilon)$ berührt. Weiter ist $\sigma_B/\sigma_{max} = A'/A_0 = l_0/l = 1/(1 + \varepsilon_{max})$ aus dem Ordinatenabschnitt ($\varepsilon = 0$) der gleichen Tangente zu entnehmen.

[2]) Nach Entlasten gemessen, vgl. Abb. 1.1. σ_{s0} oder $\sigma_{0,2}$ dürfen von einem Maschinenteil nicht erreicht werden.

[3]) Daneben kennt die technische Materialprüfung (s. Fußn. 1, S. 9) zahlreiche weitere dem jeweiligen Prüfverfahren angepaßte Kennwerte, wie z. B. Härte H, Biegefestigkeit u. a. (vgl. z. B. WEISSBACH, WELLINGER, KRÄGELOH), für

Häufig gebrauchte Qualitätsparameter zur Beurteilung der praktischen Einsatzfähigkeit eines Festkörpers sind Festigkeit (gemessen durch σ_B) und Zähigkeit (gemessen durch $\int_0^\infty \sigma \, d\varepsilon$) im einsinnigen Deformationsversuch sowie Dauerschwingfestigkeit bei Wechselbelastung (vgl. dazu Teil 8).

5.3. *Fließortkurve*

Wenn auch ein quantitatives mikroskopisches Verständnis plastischer Verformung unter dem Einfluß eines beliebigen Spannungszustandes noch aussteht, ist es doch nützlich, auf eine phänomenologische Beschreibung des Beginns plastischer Verformung hinzuweisen. Sie beruht auf der Annahme, daß sich ein Festkörper dann plastisch zu verformen beginnt, wenn die an ihm angreifenden Spannungen σ_{ij} die Fließbedingung

$$f(\sigma_{ij}) = k \tag{5.3}$$

mit k als einer Materialkonstante[1]) erfüllen. Da erfahrungsgemäß hydrostatische Spannungskomponenten die *plastische* Verformung *wenig* beeinflussen (vgl. Abb. 5.4), wird man den allgemeinen dreiachsigen Spannungszustand durch Überlagerung eines geeigneten hydrostatischen Druckes in einen äquivalenten ebenen Spannungszustand überführen und diesen in der Hauptspannungsebene σ_1, σ_2 darstellen[2]) (vgl. z. B. JOHNSON, MELLOR). Der geometrische Ort für alle Spannungskombinationen σ_1, σ_2,

die unter bestimmten Bedingungen empirisch gewonnene Relationen angegeben werden können. Z. B. ist $\sigma_B = cH$ mit $c = 0{,}40 \cdots 0{,}55$ für Cu, 0,34 bis 0,36 für Stahl usw.

[1]) Abhängig von der Vorgeschichte (vgl. 5.1). Sie wird auch als Vergleichsspannung σ_v, als Fließspannung σ_f oder als Umformfestigkeit k_f bezeichnet.

[2]) σ_1, σ_2, σ_3 sind die Komponenten des auf Hauptachsen transformierten Spannungstensors $\boldsymbol{\sigma}$. Im vorliegenden Fall des ebenen Spannungszustandes werde $\sigma_3 = 0$ gewählt.

bei denen plastische Verformung (Fließen) einsetzt, heißt Fließortkurve.[1])

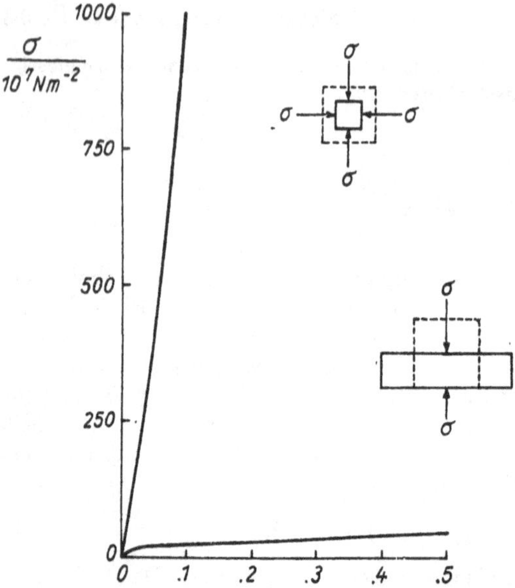

Abb. 5.4. Spannungs-Dehnungs-Kurven $\sigma(\varepsilon)$ von Aluminium-Polykristallen für hydrostatische (überwiegend elastisch; oben) und einachsige Spannung (nach BELL 1968).

Am Beispiel der Abb. 5.5 sei sie erläutert. Die Achsenabschnitte der Kurve geben hier Fließspannungen für den einachsigen Druck- oder Zugversuch in [001]- und [1$\bar{1}$0]-Richtung an. Die Tangente an die Fließortkurve hat den Anstieg $\tan \alpha = d\sigma_2/d\sigma_1 = -d\varepsilon_1/d\varepsilon_2$.[2]) Wird während des Versuches für $d\varepsilon_1$

---

[1]) Im $\sigma_1 - \sigma_2 - \sigma_3$-Raum erhält man entsprechend eine Fließortfläche, die im Falle der Unabhängigkeit von hydrostatischen Drücken zylindrische Gestalt hat. (Vom hydrostatischen Druck nicht unabhängig verläuft z. B. die plastische Verformung von Böden.)

[2]) Fließortkurven besitzen die Eigenschaft $(\boldsymbol{\sigma} - \boldsymbol{\sigma}_b) \cdot d\boldsymbol{\epsilon}^p \geqq 0$, wo $\boldsymbol{\sigma}$ der die Verzerrung $d\boldsymbol{\epsilon}^p$ auslösende Spannungszustand auf der Fließortkurve und $\boldsymbol{\sigma}_b$ eine beliebige (das Fließkriterium nicht verletzende) Spannung darstellt (Prinzip der maximalen Arbeit). Diese Beziehung läßt sich im $\sigma_1 - \sigma_2$-Dia-

bzw. $d\varepsilon_2 = 0$ gesorgt, erhält man Tangenten mit $\tan\alpha = 0$ bzw. $-\infty$ an die Kurve. Wird dagegen $d\varepsilon_3 = 0$ gehalten, ergeben sich wegen der Volumenkonstanz ($d\varepsilon_1 = -d\varepsilon_2$) Tangenten mit $\tan\alpha = 1$. Bezüglich experimenteller Bestimmung von Fließortkurven vgl. MATUCHA, WINCIERZ.

Unter der Voraussetzung isotropen Materialverhaltens kann f aus (5.3) durch die 3 Invarianten von $\boldsymbol{\sigma}$, oder, nach Abzug des hydrostatischen Anteils[1]) durch die zwei Invarianten $J_2 = (I_1^2 + 3I_2)/3$ und $J_3 = (2I_1^3 + 9I_1I_2 + 27I_3)/27$ des reduzierten Spannungstensors ausgedrückt werden. Dabei ist $I_1 = \sum_i \sigma_i$, $I_2 = -(\sigma_1\sigma_2 + \sigma_2\sigma_3 + \sigma_3\sigma_1)$, $I_3 = \sigma_1\sigma_2\sigma_3$. Für die Form von $f(J_2, J_3) = k$ liegen unterschiedliche Ansätze vor. Ein sehr einfacher ist nach HUBER und VON MISES $J_2^{1/2} = k$, wo k die Bedeutung der Fließspannung bei einfacher Scherung besitzt. Im Raum der Hauptspannungen hat dann die Fließortfläche Ellipsoidform,

$$(\sigma_1 - \sigma_2)^2 + (\sigma_2 - \sigma_3)^2 + (\sigma_3 - \sigma_1)^2 = 6k^2.\text{[2])} \quad (5.4)$$

Die zugehörige Ellipse ist in Abb. 5.5 mit eingezeichnet. Offenbar ist die isotrope Näherung zur Beschreibung des Verformungsverhaltens des Kupfer-Einkristalls noch nicht ausreichend.[3])

Nach dem Fließgesetz ist die zeitliche Änderung der plastischen Verformung $\dot{\boldsymbol{\epsilon}}^p$ mit f über

$$\dot{\boldsymbol{\epsilon}}^p = \lambda \frac{\partial f}{\partial \boldsymbol{\sigma}} \quad (5.5)$$

---

gramm dadurch graphisch darstellen, daß im Punkt $\boldsymbol{\sigma}$ an die Fließortkurve eine Tangente gelegt wird, auf der $d\boldsymbol{\epsilon}^p$ senkrecht steht. Damit ist $d\sigma_2/d\sigma_1 = -d\varepsilon_1/d\varepsilon_2$.

[1]) Die verbleibende Spannung wird als reduzierte oder als Spannungsdeviator $s = \boldsymbol{\sigma} - (1/3)(\mathrm{Sp}\,\boldsymbol{\sigma})\,\mathbf{1}$ bezeichnet.

[2]) Die Differenzen der Hauptspannungen sind Schubspannungen. Nach (5.4) beginnt die plastische Verformung, wenn die Schubspannungsenergie einen kritischen Wert überschreitet.

[3]) Berücksichtigung der Anisotropie plastischer Verformung liefert bessere Übereinstimmung mit dem Experiment. Für eine Erläuterung muß auf PIEHLER, BACKOFEN verwiesen werden.

verknüpft (λ skalarer Proportionalitätsfaktor, vgl. auch Fußnote 2, Seite 14). Daß $\dot{\epsilon}^p_{ij}$ erfahrungsgemäß erst oberhalb einer kritischen Spannung wesentlich von Null

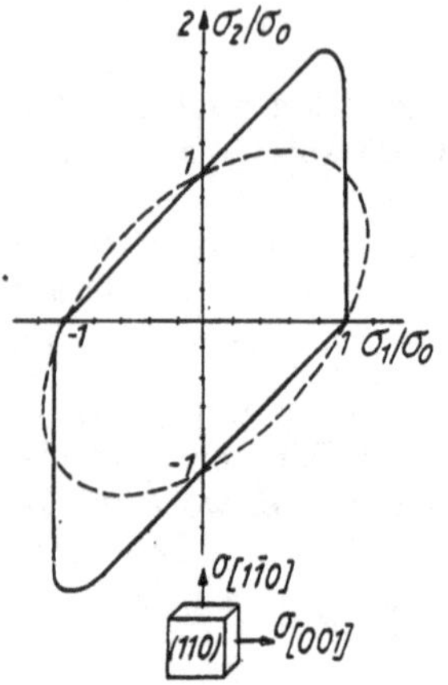

Abb. 5.5. Fließortkurve eines blechförmigen Kupfer-Einkristalls, die mit einachsigen Druck- und ebenen Druck-Formänderungs-Versuchen aufgenommen wurde. Die Hauptachsen-Spannungen σ_1 und σ_2 sind auf die einachsige Druckfließspannung $\sigma_{[001]}$ in Richtung [001] bezogen ($\sigma_3 = 0$). Die Kristallorientierung ist miteingezeichnet (nach GRZESIK). Die gestrichelte Ellipse gibt die nach HUBER-VON MISES berechnete Fließfläche (isotrope Näherung) an.

verschieden wird, kann z. B. durch die Festlegung $\lambda = \Lambda\zeta\left\{\Phi\left(\frac{f}{k} - 1\right)\right\}$ berücksichtigt werden. Λ ist eine andere Konstante und $\zeta\{x\} = 0$ für $x \leq 0$ und $\zeta(x) = x$ für $x > 0$. Φ bedeutet eine nicht näher festgelegte Funktion. Elastische und plastische Verformungsgeschwindigkeiten addieren sich zu [1])

$$\dot{\boldsymbol{\epsilon}} = \frac{1}{2G}\frac{\partial}{\partial t}\left(\boldsymbol{\sigma} - \frac{1}{3}\,\mathrm{Sp}\boldsymbol{\sigma}\,\mathbf{1}\right) + \frac{1-2\nu}{E}\frac{\partial}{\partial t}\left(\frac{1}{3}\,\mathrm{Sp}\boldsymbol{\sigma}\,\mathbf{1}\right) + \Lambda\zeta\left\{\Phi\left(\frac{f}{k} - 1\right)\right\}\frac{\partial f}{\partial \boldsymbol{\sigma}}. \tag{5.6}$$

[1]) Vgl. z. B. CAMPBELL.

Nach diesem Ansatz ist die plastische Verformungsgeschwindigkeit unabhängig von der Vorgeschichte, nur abhängig von den momentanen Werten von Spannung und Dehnung.[1]

6. Verformung durch Gleiten

Plastische Verformung erfolgt in der Mehrzahl der Fälle (für Ausnahmen vgl. 7.3) so, daß einzelne Netzebenen einer Schar parallel zueinander verschoben werden oder gleiten. Die Kristallstruktur wird dabei konserviert (vgl. z. B. Abb. 5.1). Dazu sind gekoppelte Atombewegungen erforderlich, die maßgeblich durch die Idealstruktur bestimmt werden.[2]

Vom physikalischen Standpunkt stellt die Bewegung von Versetzungen (vgl. 3.2.3) den Elementarprozeß des Gleitens dar. Im folgenden gehen wir auf die Beziehung zur makroskopischen Gestaltänderung ein.

6.1. Gleitsysteme

An freien Oberflächen kristalliner Festkörper entstehen im Verlaufe des Gleitprozesses Stufen, die unter dem Mikroskop als Gleitlinien oder Gleitbänder erkennbar sind (vgl. Abb. 6.6). Die Stufenhöhen betragen ganzzahlige Vielfache einer Elementarlänge der Größenordnung des Atomabstandes im Kristall, die in einfacher Beziehung zum Burgers-Vektor $\boldsymbol{b}$ einer Versetzung (vgl. 3.2.1) steht. Erfahrungsgemäß erfolgt das Gleiten parallel

---

[1]) Mit $f = J_2^{1/2}$ nimmt (5.6) für den einachsigen Zugversuch die Form $\dot{\varepsilon} = (\dot{\sigma}/E) + (\Lambda/\sqrt{3})\,\zeta\{\Phi([\sigma/\sqrt{3}k] - 1)\}$ an. $\sqrt{3}k$ bedeutet die einachsige Fließspannung im Zugversuch.

[2]) Der genaue Bewegungsablauf ist noch ungeklärt. In komplexen Strukturen hat man entsprechend komplizierte Atombewegungen zu erwarten (vgl. z. B. Kronberg), die aber offenbar die Kristallstruktur reproduzieren.

zu wenigen kristallographisch ausgezeichneten Netzebenen- und Gittergeradenscharen, den Gleitebenen $\boldsymbol{n}$ und den Gleitrichtungen $\boldsymbol{b}/b$.[1]) Die Kombination einer bestimmten Gleitebene und -richtung heißt Gleitsystem. In Tab. 6.1 sind einige experimentell ermittelte Gleitsysteme zusammengestellt.[2])

Ein Gleitsystem $\boldsymbol{b}$, $\boldsymbol{n}$ wird betätigt, wenn sich mindestens eine Versetzung $\boldsymbol{b}$, $\boldsymbol{s}$ (vgl. 3.2.3) in der Ebene $\boldsymbol{n}$ mit $\boldsymbol{n} \cdot \boldsymbol{s} = 0$ verschiebt. Die Stufenhöhe an der Oberfläche $\boldsymbol{N}$ nach dem Austritt von n_v Versetzungen aus dem Kristall beträgt dann $\boldsymbol{b} \cdot \boldsymbol{N}\, n_v$.

Da nach Abschluß des Gleitvorganges die Struktur reproduziert werden soll, muß die Verrückung $\boldsymbol{u}^p = \boldsymbol{b}$ ein Vektor des BRAVAIS-Gitters sein.[3]) Andernfalls würden mit dem Gleiten flächenhafte Kristallstrukturstörungen erzeugt (vgl. 3.2.9). Die Auswahl der geometrisch möglichen Gleitsysteme wird weiter durch die Forderung eingeschränkt, daß die elastische Energie der Versetzungen E_{el}/L und die PEIERLS-Spannung τ_p (vgl. 3.2.12.2) des betreffenden Gleitsystems möglichst niedrig sind.[4]) Hier reicht jedoch die isotrope Näherung für E_{el}/L (3.19), (3.20) nicht aus. Wir schreiben vielmehr nach FOREMAN

$$E_{el}/L = \frac{G_a b^2}{4\pi} \ln \frac{r_1}{r_0} \tag{6.1}$$

mit G_a als einem Parameter, der die Anisotropie der elastischen Eigenschaften des Festkörpers enthält und von $\boldsymbol{e}_S$ und $\sphericalangle\, \boldsymbol{s}, \boldsymbol{b}$ abhängt.[5]) Nach (6.1) sind die kürzesten

---

[1]) In den wenigen genauer untersuchten Fällen (z. B. WILSDORF, FOURIE) ist die Gleitebene (mit etwa 3 Netzebenen Unsicherheit) als wohldefinierte Netzebene gefunden worden (vgl. auch PAUFLER 1968).

[2]) Gleitung in Richtung $\boldsymbol{b}$ und $-\boldsymbol{b}$ ist kristallographisch äquivalent, wenn wenigstens eine der folgenden Bedingungen erfüllt ist: a) $\boldsymbol{b} \parallel 2$, 4 od. 6 b) $\boldsymbol{b} \parallel \bar{2}$, c) $\boldsymbol{n} \parallel 2$, 4 od. 6, d) $\boldsymbol{n} \parallel \bar{2}$.

[3]) Man beachte, daß sich das BRAVAIS-Gitter bei Ordnung-Unordnungs-Übergängen i. allg. ändert.

[4]) In Kristallen mit niedriger PEIERLS-Spannung kann noch ein deutlicher Einfluß von anderen Baufehlern (einschl. Versetzungen) ausgeübt werden.

[5]) Vgl. auch HIRTH, LOTHE.

Tabelle 6.1
Makroskopisch beobachtete Gleitsysteme einiger Kristalle

BRAVAIS-Gitter	Strukturtyp	Substanzbeispiele	Gleitebene	Gleitrichtung
kubisch-flächen-zentriert	Cu (A1)	Ag, Al, Al-1% Mg, Au, Cu, Ni, Pb Pt	111	$1\bar{1}0$
		Al, Pt	100	011
	Diamant (A4)	C, Ge, Si	111	$1\bar{1}0$
	CaF_2 (C1)	$AuAl_2$, UO_2, CaF_2, ThO_2, BaF_2	001	110
		UO_2, CaF_2	110	$1\bar{1}0$
		$AuAl_2$	001	100
	BiF_3 (DO_3)	$AlFe_3$	110 211	
	NaCl (B1)	NaCl, KCl, MgO, KBr, KJ, PbS, AgCl, LiBr	110	$1\bar{1}0$
		TiC, UC, NbC, Zr, NaCl	111	$1\bar{1}0$
		PbTe, PbS	110	001
		LiF, NaCl, PbS	001	110
	Al_2MgO_4 ($H1_1$)	γ-Al_2O_3-MgO	110, 111	$1\bar{1}0$
	Zinkblende (B3)	InSb, ZnS	111	$1\bar{1}0$
		CdS	100	001
	Cu_2Mg (C15)	Cu_2Mg	$\bar{1}11$	$1\bar{1}0$
kubisch-raumzentriert	W (A2)	α-Fe, Fe−Si, Mo, Nb, W	011, $1\bar{1}\bar{2}$, $\bar{1}23$	$1\bar{1}1$
einfach-kubisch	CsCl (B2)	AgMg, β-Cu−Zn	$3\bar{2}\bar{1}$, $\bar{1}\bar{1}2$, $1\bar{1}0$	111
		AlNi, NH_4Cl, CsCl, MgTl	110	001
		AlNi	100	001

Tabelle 6.1 (Fortsetzung)

BRAVAIS-Gitter	Strukturtyp	Substanzbeispiele	Gleitebene	Gleitrichtung
	Cu_3Au ($L1_2$)	$AlNi_3$, Cu_3Au, $FeNi_3$, $GaNi_3$	$1\bar{1}1$	110
		$GaNi_3$	001	110
	Cr_3Si (A 15)	V_3Si	100,110	001
tetragonal-raumzentriert	$CuAl_2$ (C 16)	$CuAl_2$, Fe_2B	110	001
		$CuAl_2$	101	010
	$MoSi_2$ ($C11_b$)	WSi_2	100, 010	001
	β-Sn (A 5)	β-Sn	101, 121	$01\bar{1}$
		β-Sn	100, 110	001
		β-Sn	100	011
	$CaWO_4$ (HO_4)	$CaWO_4$	100, 001	100
	KH_2PO_4 ($H2_2$)	$NH_4H_2PO_4$	$1\bar{1}0$, $11\bar{2}$	111
	Al_3Ti (DO_{22})	Nb_3Al	$1\bar{1}2$	110
einfach-tetragonal	CuAu ($L1_0$)	AuCu	111	110
	Rutil (C 4)	TiO_2, SnO_2 MgF_2	101	$10\bar{1}$
		SnO_2, TiO_2, MgF_2	110	001
		MgF_2, TiO_2	001	100
hexagonal	Wurtzit (B 4)	AgJ	0001	$11\bar{2}0$
	Fe_2N (L_3')	Mo_2C	0001, $1\bar{1}00$	$11\bar{2}0$
	Mg (A 3)	Be, Re, Zr, ζ-Ag – Al, Ti	0001, $1\bar{1}00$	$11\bar{2}0$
		Be	$10\bar{1}0$	$\bar{1}2\bar{1}3$
		Mg, Zn	$11\bar{2}2$	$\bar{1}\bar{1}23$
		Be, Mg, Ti	$1\bar{1}01$	$11\bar{2}0$
	Ni_3Sn (DO_{19})	$CdMg_3$ Cd_3Mg	0001	$11\bar{2}0$
	$MgZn_2$ (C 14)	$MgZn_2$	0001	$11\bar{2}0$
	WC (B_h)	WC	$1\bar{1}00$	$11\bar{2}0$, 0001
	Graphit (A 9)	C	0001	$11\bar{2}0$
	–	H_2O (Eis)	0001	$11\bar{2}0$

Tabelle 6.1 (Fortsetzung)

Bravais-Gitter	Strukturtyp	Substanzbeispiele	Gleitebene	Gleitrichtung
trigonal	As (A 7)	Bi	0001	$11\bar{2}0$
	α-Al_2O_3 ($D5_1$)	α-Al_2O_3 (Korund)	0001, $10\bar{1}0$	$11\bar{2}0$
			$10\bar{1}1$	$10\bar{1}\bar{2}$
	Hg (A 10)	Hg	$11\bar{1}$	$1\bar{1}0$
			100	100
	Se (A 8)	Te	$1\bar{1}00$	$11\bar{2}0$
	$CaCO_3$ (GO_1)	Kalkspat	0001, $1\bar{1}01$	$11\bar{2}0$
	Dolomit ($G1_1$)	$CaMg(CO_3)_2$	111	$01\bar{1}$
	Quarz (C8)	α-SiO_2	0001, $10\bar{1}0$	$11\bar{2}0$
			$11\bar{2}0$	0001
rhombisch-einseitig-flächenzentriert	Ga (A 11)	Ga	001, 102, 100	010
			011	$0\bar{1}1$
	α-U (A 20)	α-U	010, 001	100
			110	$1\bar{1}0$
	Anhydrit (HO_1)	$CaSO_4$	001	010
			012	100
einfach-rhombisch	Aragonit (GO_2)	$CaCO_3$	010	100
	Sb_2S_3 ($D5_8$)	Sb_2S_3 (Antimonglanz)	010	001
	Baryt (HO_2)	$BaSO_4$	001	100
			011	$0\bar{1}1$
	(Fe, Mn) · Nb_2O_6	(Fe, Mn) · (Nb, Ta)O_3 (Niobit)	010	$10\bar{1}$
	AuCd (B 19)	β'-AuCd	110	001
	β-Cu_3Ti	Ni_3Mo	201,001	
monoklin-einseitig-flächenzentriert	$CaSO_4 \cdot 2H_2O$ ($H4_6$)	$CaSO_4 \cdot 2H_2O$ (Gips)	010	001

Tabelle 6.1 (Fortsetzung)

BRAVAIS-Gitter	Strukturtyp	Substanzbeispiele	Gleitebene	Gleitrichtung
einfach-monoklin	–	(Naphthalin) $C_{10}H_8$	001	010
	α-Pu	α-Pu	010	
	$Mn_2O_3 \cdot H_2O$ (EO_6)	$Mn_2O_3 \cdot H_2O$ (Manganit)	010	001
triklin	$Al_2[SiO_4]O$ (SO_1)	$Al_2[SiO_4]O$ (Disthen)	100	001

Vektoren des BRAVAIS-Gitters bevorzugt, wenn nicht G_a extrem anisotrop sein sollte. Gleitebenen können dann solche sein, die zur Zone des kürzesten Gittervektors gehören und für die (6.1) und (3.43) mit der Versetzungsweite

$$w_0 = \frac{1}{2}\, dG_a s' \tag{6.2}$$

(s' anisotroper elastischer Koeffizient, $d = d(h, k, l)$ Netzebenenabstand) möglichst klein ist (vgl. auch FISHER, ALFRED; STEEDS). In Ionenkristallen sind noch elektrostatische Beiträge zu τ_p zu berücksichtigen. In der Regel werden die Netzebenen mit hoher Packungsdichte der Atome als Gleitebenen bevorzugt. Mitunter bestimmt die Möglichkeit einer Aufspaltung in Teilversetzungen (vgl. 3.2.9) auch die Gleitebenenauswahl. Für eine detailliertere Diskussion sei auf NABARRO verwiesen.

Falls in einem Kristallindividuum nur ein Gleitsystem betätigt wird, spricht man von Einfachgleitung, andernfalls von Mehrfachgleitung.

6.2. *Schubspannung und Abgleitung*

6.2.1. *Definitionen*

Die Beobachtungen von 6.1 legen es nahe, die Schubspannung im betätigten Gleitsystem als Maß der wirkenden Spannung sowie die Scherung des Kristalls parallel zu eben diesen kristallographisch definierten Koordinaten als Maß der erzielten Deformation einzuführen. Tatsächlich zeigen die Experimente (vgl. 7.1) weitgehende Unabhängigkeit von Normalspannungen bezüglich des Gleitsystems, solange Einfachgleitung vorliegt.

Die Schubspannung im Gleitsystem $\boldsymbol{b}$, $\boldsymbol{n}$

$$\tau = \frac{\boldsymbol{b}}{|\boldsymbol{b}|} \cdot \boldsymbol{\sigma} \cdot \boldsymbol{n} \tag{6.3}$$

ist auf den Kristallquerschnitt parallel zur Gleitebene bezogen, der während des Gleitens konstant bleibt. Soweit die vergleichsweise kleinen elastischen Querschnittsänderungen vernachlässigt werden können, führt demnach die auf den Anfangsquerschnitt A_0 bezogene Spannung σ bei Einkristallexperimenten stets auch auf eine wahre Spannung.

Nach Abb. 5.1 ist ein zweckmäßiges Maß der Scherdeformation die dimensionslose Abgleitung a im Gleitsystem

$$a = \frac{u^p}{D}, \tag{6.4}$$

wo D den Abstand der Netzebenen bezeichnet, deren Verrückung gegeneinander $\boldsymbol{u}^p = u^p \boldsymbol{b}/b$ beträgt. a beschreibt den Zustand nach dem Gleiten der Versetzungen um so besser, je näher die Deformation dem Ideal homogener Deformation kommt (Abb. 6.1). Der Tensor der plastischen Deformation $\mathfrak{e}^p$, der die räumliche Änderung der Verrückung $\boldsymbol{u}^p = \boldsymbol{r}' - \boldsymbol{r} = a(\boldsymbol{r} \cdot \boldsymbol{n})\, \boldsymbol{b}/b$ beschreibt, hat für Einfachgleitung a, $\boldsymbol{b} = (b_1, b_2, b_3)$, $\boldsymbol{n} = (n_1, n_2, n_3)$ die Form

$$\mathfrak{e}^p = \frac{a}{b}\, \boldsymbol{b}\boldsymbol{n} = \frac{a}{b} \begin{pmatrix} b_1 n_1 & b_1 n_2 & b_1 n_3 \\ b_2 n_1 & b_2 n_2 & b_2 n_3 \\ b_3 n_1 & b_3 n_2 & b_3 n_3 \end{pmatrix} \quad (a \ll 1). \tag{6.5}$$

Die Volumenänderung $\delta V/V = \mathrm{Sp}\, \mathfrak{e}^p = (a/b) \sum_i b_i n_i = (a/b)\, \boldsymbol{b} \cdot \boldsymbol{n} = 0$ verschwindet wegen der Orthogonalität von $\boldsymbol{b}$ und $\boldsymbol{n}$.

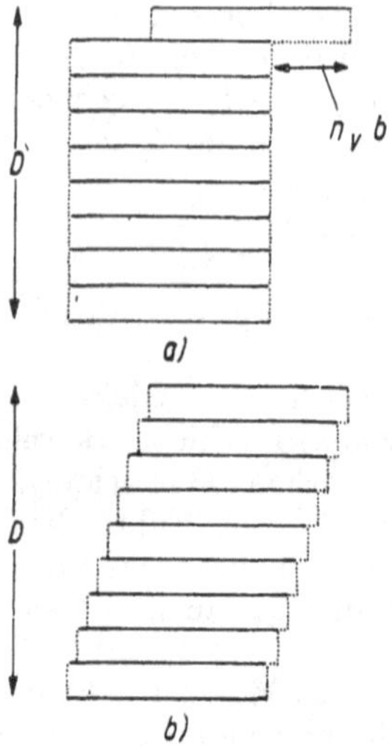

Abb. 6.1. Zum Problem der Homogenität der Gleitung eines aus m Netzebenen aufgebauten Kristalls. In (a) sind n_v Versetzungen über eine Gleitebene gelaufen. Die mittlere Abgleitung des gesamten Kristalls ist $\bar{a} = u^p/D = n_v b/D$, die lokale der oberen beiden Netzebenen $a = n_v bm/D$. Der Zustand (b) ist nach Durchlauf von je (n_v/m) Versetzungen pro Gleitebene entstanden. Die Abgleitung $a = (n_v/m)\,bm/D = n_v b/D$ benachbarter Netzebenen stimmt zwar mit $\bar{a}$ aus (a) überein, ist jedoch das Resultat eines physikalisch anderen Prozesses. Mit der Homogenität der Deformation wächst die Aussagekraft von $\bar{a}$ (nach PAUFLER 1968)

Verzerrung ϵ^p und Drehung ω^p bei Einfachgleitung sind dann nach (5.1) und (6.5) (s. auch Abb. 5.1)

$$\epsilon^p = \frac{a}{b}\begin{pmatrix} b_1n_1 & \frac{1}{2}(b_2n_1 + b_1n_2) & \frac{1}{2}(b_3n_1 + b_1n_3) \\ \frac{1}{2}(b_2n_1 + b_1n_2) & b_2n_2 & \frac{1}{2}(b_2n_3 + b_3n_2) \\ \frac{1}{2}(b_3n_1 + b_1n_3) & \frac{1}{2}(b_2n_3 + b_3n_2) & b_3n_3 \end{pmatrix} \tag{6.6}$$

bzw.

$$\omega^p = \frac{a}{b}\begin{pmatrix} 0 & \frac{1}{2}(b_1n_2 - b_2n_1) & \frac{1}{2}(b_1n_3 - b_3n_1) \\ -\frac{1}{2}(b_1n_2 - b_2n_1) & 0 & \frac{1}{2}(b_2n_3 - b_3n_2) \\ -\frac{1}{2}(b_1n_3 - b_3n_1) & -\frac{1}{2}(b_2n_3 - b_3n_2) & 0 \end{pmatrix}. \tag{6.7}$$

Beide Größen lassen sich im konkreten Falle leicht berechnen. Gleitsysteme, die zu verschiedenen $\boldsymbol{\epsilon}^p$ führen, heißen unabhängig. Eine allgemeine plastische Verzerrung $\boldsymbol{\epsilon}^p$ erfordert die Betätigung von fünf unabhängigen Gleitsystemen (nur 5 Komponenten des Tensors (6.6) sind wegen Sp $\boldsymbol{\epsilon}^p = 0$ unabhängig), da jedes nur eine Tensorkomponente beeinflußt. Ein System ist nicht unabhängig, wenn sich das zugehörige $\boldsymbol{\epsilon}^p$ aus anderen Beiträgen additiv zusammensetzen läßt. Beispielsweise erfolge Abgleitung um a_1 längs (011) $[0\bar{1}1]$, um a_2 längs (110) $[\bar{1}10]$ und um a_3 längs (101) $[\bar{1}01]$ des kubischen Kristallsystems.[1]) Nach (6.6) ist

$$\boldsymbol{\epsilon}_1{}^p = \begin{pmatrix} 0 & 0 & 0 \\ 0 & -a_1/2 & 0 \\ 0 & 0 & a_1/2 \end{pmatrix}, \quad \boldsymbol{\epsilon}_2{}^p = \begin{pmatrix} -a_2/2 & 0 & 0 \\ 0 & a_2/2 & 0 \\ 0 & 0 & 0 \end{pmatrix},$$

$$\boldsymbol{\epsilon}_3{}^p = \begin{pmatrix} -a_3/2 & 0 & 0 \\ 0 & 0 & 0 \\ 0 & 0 & a_3/2 \end{pmatrix} \tag{6.8}$$

und damit $\boldsymbol{\epsilon}_3{}^p$ durch Kombination der Gleitsysteme 1 und 2 aus $\boldsymbol{\epsilon}_2{}^p$ und $\boldsymbol{\epsilon}_1{}^p$ darstellbar ($a_1 = a_2 = a_3$).[2])

Tab. 6.2 enthält die Zahl der unabhängigen Gleitsysteme für einige ausgewählte Gleitsystemfamilien. Soll sich ein Polykristall allein durch Gleitung längs Gleitsystemen einer Familie verformen können (keine Rißbildung, kein Korngrenzengleiten), muß $q = 5$ sein (v. Mises). Meist lassen sich durch Betätigung von Gleitsystemen verschiedener Familien die erforderlichen unabhängigen Verzerrungskomponenten bereitstellen (vgl. auch Abb. 3.29).

---

[1]) Gleitsysteme werden gewöhnlich durch Angabe der Gleitebenenindizes (hkl) und der Gleitrichtungen $[uvw]$ bezeichnet. Aus (hkl) sind die n_1, n_2, n_3 zu berechnen. Dazu beachte man, daß $\boldsymbol{n}$ ein Vektor des reziproken Gitters mit den Komponenten $\sim h, k, l$ ist (vgl. Paufler, Leuschner). Im kubischen Falle ist einfach $n_1 = h/\sqrt{h^2 + k^2 + l^2}$, $n_2 = k/\sqrt{h^2 + k^2 + l^2}$, $n_3 = l/\sqrt{h^2 + k^2 + l^2}$.

[2]) Die Unabhängigkeit von beliebigen 5 Gleitsystemen wird am besten so geprüft, daß zu jedem System i nach (6.6) fünf Komponenten $\varepsilon_{11}^{p(i)} - \varepsilon_{33}^{p(i)}$, $\varepsilon_{22}^{p(i)} - \varepsilon_{33}^{p(i)}$, $\varepsilon_{12}^{p(i)}$, $\varepsilon_{13}^{p(i)}$, $\varepsilon_{23}^{p(i)}$ bezüglich des gleichen Koordinatensystemes gebildet uud die Determinante dieser 5×5 Matrix berechnet wird. Verschwindet diese nicht, sind die 5 Gleitsysteme $i = 1 \cdots 5$ voneinander unabhängig, andernfalls liegt lineare Abhängigkeit vor.

Tabelle 6.2
Zahl der unabhängigen Gleitsysteme q zur Familie $\{hkl\}$ $\langle uvw\rangle$[1])

$\{hkl\}$	$\langle uvw\rangle$	Kristallsystem	q
111	$1\bar{1}0$	kubisch	5
110	$1\bar{1}1$	kubisch	5
110	001	kubisch	3
110	$1\bar{1}0$	kubisch	2
100	011	kubisch	3
101	$10\bar{1}$	tetragonal	4
0001	$11\bar{2}0$	hexagonal	2
$1\bar{1}00$	$11\bar{2}0$	hexagonal	2
$1\bar{1}01$	$11\bar{2}0$	hexagonal	4
$11\bar{2}2$	$11\bar{2}3$	hexagonal	5

6.2.2. *Umrechnungsbeziehungen*

Die Umrechnung einer im einachsigen Zug- oder Druckversuch ermittelten $\sigma(\varepsilon)$-Beziehung auf Schubspannungs-Abgleitungs-Relationen $\tau(a)$ (vgl. 6.2.1.) hat die Orientierungsänderung des wirksamen Gleitsystems während der Verformung zu berücksichtigen. Für die Berechnung ist es zweckmäßig, sich das Gleitsystem $\boldsymbol{n}$, $\boldsymbol{b}/b$ im Raum festgehalten zu denken und die Orientierungsänderung der Kristallachse $\boldsymbol{T} = l\boldsymbol{t}$ (der untersuchte Einkristall möge diese mit seiner äußeren Form verknüpfte ausgezeichnete Richtung $\boldsymbol{t}$ und die Länge l besitzen) zu untersuchen. Im Zugversuch gilt entsprechend Abb. 6.2 und (6.4) $\mathrm{d}\boldsymbol{T} = (\boldsymbol{b}/b)\,(\boldsymbol{T}\cdot\boldsymbol{n})\,\mathrm{d}a$, d. h.

$$\frac{\mathrm{d}\boldsymbol{T}}{\mathrm{d}a} = (\boldsymbol{T}\cdot\boldsymbol{n})\,\frac{\boldsymbol{b}}{b}. \tag{6.9}$$

Gleitrichtung $\boldsymbol{b}/b$ und Gleitebenennormale $\boldsymbol{n}$ stehen stets aufeinander senkrecht, so daß aus (6.9) $\mathrm{d}\boldsymbol{T}\cdot\boldsymbol{n} = 0$ und

[1]) Vgl. Fußnote 1, S. 25). Unter den kristallographisch äquivalenten Systemen (110) [001], $(1\bar{1}0)$ [001], ..., (101) [010], ..., der Familie {110} ⟨001⟩ sind z. B. $q = 3$ unabhängig (im Falle kubischer Symmetrie). Äquivalent in diesem Sinne sind alle Systeme, die durch Punktgruppensymmetrieoperationen aus einem hervorgehen.

damit nach Integration

$$\boldsymbol{T} \cdot \boldsymbol{n} = \text{const} = \boldsymbol{T}_0 \cdot \boldsymbol{n} \tag{6.10}$$

folgt. $\boldsymbol{T}_0 = l_0 \boldsymbol{t}_0$ bezeichne die Anfangslage $\boldsymbol{t}_0(|\boldsymbol{t}_0| = |\boldsymbol{t}| = 1)$ und die Anfangslänge l_0. Dann ergibt die Integration von (6.9)

$$\boldsymbol{T} = \boldsymbol{T}_0 + a(\boldsymbol{T}_0 \cdot \boldsymbol{n}) \frac{\boldsymbol{b}}{b}. \tag{6.11}$$

Nun ist $\boldsymbol{T}^2 = \boldsymbol{T}_0^2 + 2a(\boldsymbol{T}_0 \cdot \boldsymbol{n}) (\boldsymbol{T}_0 \cdot \boldsymbol{b}/b) + a^2(\boldsymbol{T}_0 \cdot \boldsymbol{n})^2$ und damit

$$l^2 = l_0^2(1 + 2a \cos \varkappa_0 \cos \lambda_0 + a^2 \cos^2 \varkappa_0).^{1)} \tag{6.12}$$

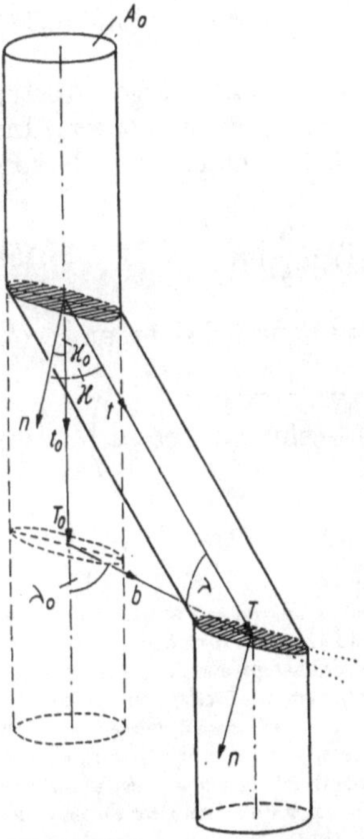

Abb. 6.2. Zur Orientierungsänderung beim Zugversuch an einem Einkristall (betätigtes Gleitsystem $\boldsymbol{n}$, $\boldsymbol{b}$), der zwischen den beiden schraffierten Gleitebenen homogen verformt wurde.

[1]) Gelegentlich sind die Längenänderungen sehr klein. Dann ist $\mathrm{d}\boldsymbol{T} = \mathrm{d}l\boldsymbol{t} + l\,\mathrm{d}\boldsymbol{t}$ und somit $\mathrm{d}\boldsymbol{T} \cdot \boldsymbol{t} = \mathrm{d}l$, so daß (6.9) die Gestalt $\mathrm{d}l = l(\boldsymbol{t} \cdot \boldsymbol{n})(\boldsymbol{t} \cdot \boldsymbol{b}/b)\,\mathrm{d}a$ und $\mathrm{d}l/l = \cos\varkappa \cos\lambda\,\mathrm{d}a \equiv \mu\,\mathrm{d}a$ mit dem sog. Orientierungsfaktor μ annimmt.

Im Zugversuch sind $\varkappa$ bzw. λ die Winkel zwischen der Kristallachse und $\boldsymbol{n}$ bzw. $\boldsymbol{b}$. Die Dehnung im Zugversuch sei $\varepsilon_z = (l/l_0) - 1$. Aus (6.12) folgt dann die Umrechnungsbeziehung für $a_z(\varepsilon_z)$

$$a_z = \frac{1}{\cos \varkappa_0} \left(\sqrt{(1 + \varepsilon_z)^2 - \sin^2 \lambda_0} - \cos \lambda_0\right) = \frac{\cos \lambda}{\cos \varkappa} - \frac{\cos \lambda_0}{\cos \varkappa_0} \tag{6.13}$$

und mit (6.3) die Beziehung für $\tau(\sigma)$[1])

$$\tau = \sigma_w \cos \varkappa \cos \lambda = \sigma \frac{\cos \varkappa_0}{1 + \varepsilon_z} \sqrt{(1 + \varepsilon_z)^2 - \sin^2 \lambda_0}\,. \tag{6.14}$$

Hierbei ist $\sigma_w = F/A$, $\sigma = F/A_0$ und wegen (6.10) $l \cos \varkappa = l_0 \cos \varkappa_0$, $l \sin \lambda = l_0 \sin \lambda_0$ gesetzt worden. Im Druckversuch ist $\boldsymbol{T}$ die Endflächennormale. Anstelle von (6.11) gilt hier

$$\boldsymbol{T} = \boldsymbol{T}_0 + a\left(\boldsymbol{T}_0 \cdot \frac{\boldsymbol{b}}{b}\right)\boldsymbol{n}\,. \tag{6.15}$$

In analoger Weise erhält man unter Berücksichtigung von $\varepsilon_D = -\varepsilon_z$

$$a_D = \frac{1}{\cos \lambda_0}\left(\sqrt{\frac{1}{(1 - \varepsilon_D)^2} - \sin^2 \varkappa_0} - \cos \varkappa_0\right) = \frac{\cos \varkappa}{\cos \lambda} - \frac{\cos \varkappa_0}{\cos \lambda_0} \tag{6.16}$$

---

[1]) Für einachsige Spannung ist z. B. $\sigma_{33} = \sigma_w$ und $\sigma_{ij} = 0$ sonst. Mehrachsige Spannungszustände geben Anlaß zu veränderter Schubspannung τ im Gleitsystem, die man wie folgt erhält. Das Koordinatensystem der 3 Hauptspannungsachsen $\boldsymbol{e}_i$ sei gegenüber den Koordinaten des Gleitsystems $\boldsymbol{e}_i'$ um die Winkel $\varkappa = \sphericalangle\, \boldsymbol{e}_3' (= \boldsymbol{n}), \boldsymbol{e}_3$; $(\pi/2) - \varkappa = \sphericalangle\, \boldsymbol{e}_1', \boldsymbol{e}_3'$; $\psi = \sphericalangle\, \boldsymbol{b}/b, \boldsymbol{e}_1'$; $\pi/2 - \Phi = \sphericalangle\, \boldsymbol{e}_2', \boldsymbol{e}_1$ verdreht. Dann ist mit $\sigma_{11} \equiv \sigma_1 \leq \sigma_{22} \equiv \sigma_2 \leq \sigma_{33} \equiv \sigma_3$, $\sigma_{ij} = 0$ für $i \neq j$ im Koordinatensystem $\boldsymbol{e}_i$ die Gleitrichtung $\boldsymbol{b}/b = (-\cos \Phi \cos \varkappa \times \cos \psi + \sin \varphi \sin \psi,\ -\sin \Phi \cos \varkappa \sin \psi - \cos \Phi \sin \psi,\ \sin \varkappa \cos \psi)$ und die Gleitebene $\boldsymbol{n} = (\cos \Phi \sin \varkappa, \sin \Phi \sin \varkappa, \cos \varkappa)$. Die Schubspannung τ im Gleitsystem wird damit $\tau = (\boldsymbol{b}/b) \cdot \boldsymbol{\sigma} \cdot \boldsymbol{n} = \sin (2\varkappa) \cos \psi ([\sigma_3 - \sigma_2] + [\sigma_2 - \sigma_1] \cos^2 \Phi)$-$(\sin 2\Phi \sin \psi \sin \varkappa)\, [\sigma_2 - \sigma_1]$. Dies geht in (6.14) über, wenn $\sigma_1 = 0$, $\sigma_2 = 0$, $\sigma_3 = \sigma_w$ und $\cos \psi = \cos \lambda / \sin \varkappa$ gesetzt wird.

sowie

$$\tau = \frac{F}{A_0} \cos \lambda_0 (1 - \varepsilon_D)^2 \sqrt{1 - (1 - \varepsilon_D)^2 \sin^2 \varkappa_0}. \quad (6.17)$$

Die bislang angegebenen Beziehungen gelten für Einfachgleitung. Im Falle von Mehrfachgleitung addieren sich die Abgleitungsbeiträge der einzelnen Gleitsysteme. Für Einzelheiten muß auf v. Göler, Sachs; Berner, Kronmüller; Schubert; Reid verwiesen werden.

6.3. *Versetzungsbewegung und Abgleitung*

Betrachten wir den Gleitvorgang einer Versetzung (Abb. 6.3). Die Versetzungslinie trennt den Teil der Gleitebene, dessen Ufer eine relative Verschiebung um $\boldsymbol{u} = \boldsymbol{b}$

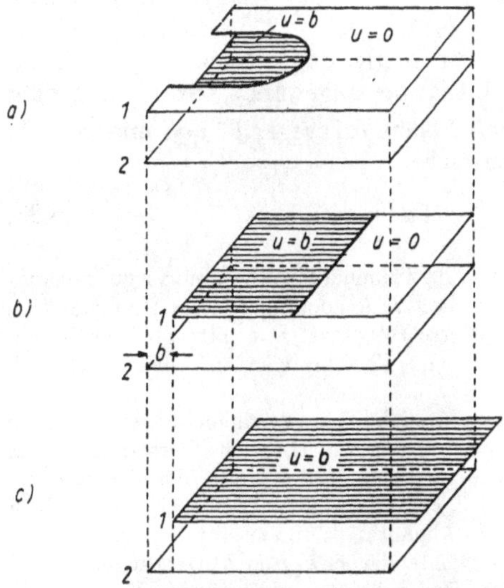

Abb. 6.3. Eine Versetzung (stark ausgezogen) bewege sich in ihrer Gleitebene 1. Die an die Gleitebene grenzenden Kristallteile sind im schraffierten Bereich relativ zueinander um $\boldsymbol{b}$ verschoben (a). Wenn der Stufenanteil (b) die Oberfläche erreicht hat (c), ist die gesamte Gleitebene 1 gegenüber der Bezugsebene 2 um $\boldsymbol{b}$ abgeglitten.

erfahren haben (vgl. 3.2.12.1) von dem anderen ohne relative Verschiebung ($\boldsymbol{u} = \boldsymbol{0}$) ab.[1]) Anders als in Abb. 6.2 ist die plastische Verformung im Zustand der Abb. 6.3a inhomogen. Die Verknüpfung des mikroskopischen und des makroskopischen Verformungszustandes erfolgt zweckmäßig über die Einführung eines Volumenmittelwertes der Verzerrung (6.6)

$$\overline{\boldsymbol{\epsilon}^p} = \frac{1}{V} \int \boldsymbol{\epsilon}^p \,\mathrm{d}V = \frac{1}{A} \int \varepsilon^p \,\mathrm{d}A\,, \tag{6.18}$$

der angesichts des ebenen Gleitvorganges als Mittelwert über die Gleitebene A verstanden werden kann ($V = AD$). Da $\boldsymbol{\epsilon}^p$ nur innerhalb der schraffierten Fläche δA (Abb. 6.3) von Null verschieden (aber konstant) ist, hat man

$$\overline{\boldsymbol{\epsilon}^p} = \frac{\delta A}{A} \boldsymbol{\epsilon}^p = \frac{\delta A}{A} \frac{a}{2b} (\boldsymbol{bn} + \boldsymbol{nb})\,. \tag{6.19}$$

Wird der Begriff der Abgleitung a nach (6.4) auch auf die vorliegende Situation angewandt, dann entspricht der überstrichenen Fläche δA wegen $u^p = b$ und $\overline{\varepsilon^p} = \delta a$ ein Abgleitungszuwachs

$$\delta a = \frac{b}{V}\,\delta A\,. \tag{6.20}$$

Dem Experiment sind Flächen δA i. allg. weniger gut zugänglich als deren mittlere lineare Ausdehnung L, die die Bedeutung des Laufweges der Versetzung hat. Das gilt besonders dann, wenn eine hohe Zahl von Versetzungen am Gleitprozeß teilnimmt.

Aus (6.20) folgen nützliche Transportgleichungen für zwei Sonderfälle. Im ersten mögen N vorhandene Versetzungslinien die Fläche $\delta A = \alpha L_V \delta L_V$ überstreichen, d. h., der Versetzungslaufweg wachse von L_V auf $L_V + \delta L_V$ (vgl. Abb. 6.4a). Nach (6.20) beläuft sich der Abgleitungszuwachs auf $\delta a = Nb\delta A/V \equiv \varrho_V b \delta L_V$ mit ϱ_V als Dichte der bewegten Versetzungen und α als Geometriefaktor, der die mittlere Form der Versetzungsschleifen beschreibt. Die zeitliche Änderung der Abgleitung wird

---

[1]) Von den zu beiden Seiten vorhandenen elastischen Verrückungsanteilen wurde abgesehen.

durch die OROWAN-Beziehung

$$\dot{a} = \varrho_V b v \tag{6.21}$$

an die Versetzungsstromdichte $\varrho_V v$ (Versetzungsgeschwindigkeit $v \equiv \delta L_V / \delta t$) angeschlossen.

Der zweite Sonderfall sei durch die Wirksamkeit von Versetzungsquellen (vgl. 3.2.6) gekennzeichnet (Abb. 6.4b). Es werden δN neue Versetzungen erzeugt, die jede einen Weg L_Q zurücklegen, die Fläche $\Delta A = \beta L_Q^2$ überstreichen und damit

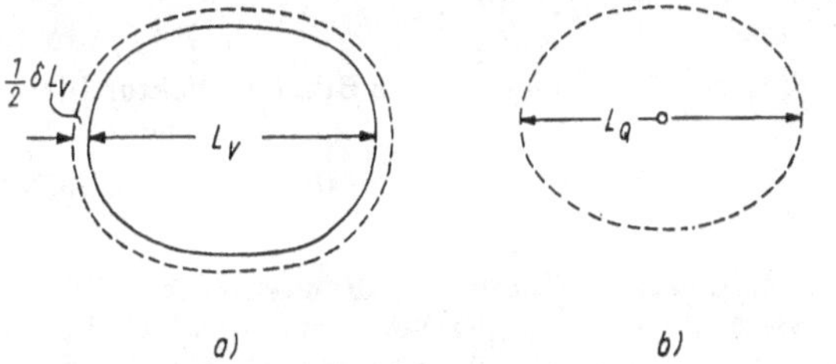

Abb. 6.4. Zur Berechnung der Abgleitungsänderung

die Abgleitung $\delta a = \delta N \cdot \Delta A \cdot b / V \equiv L_Q b \delta \varrho_V$ hervorrufen. Letztere ist mikroskopisch auf die Versetzungsdichteänderung $\delta \varrho_V$ zurückgeführt. Differentiation nach der Zeit liefert dann

$$\dot{a} = \dot{\varrho}_V b L_Q .^{1)} \tag{6.22}$$

Die auf der rechten Seite von (6.21) und (6.22) stehenden Größen sind als Mittelwerte über alle beteiligten Versetzungen zu verstehen.[2])

---

[1]) (6.21) und (6.22) sind zwar kinetisch äquivalent, können aber im stationären Zustand physikalisch unterschiedliche Situationen beschreiben. Bei (6.21) bewegt sich eine konstante Zahl von Versetzungen mit konstanter Geschwindigkeit, falls $\dot{a}$ konstant ist. Erzeugungs- und Vernichtungsvorgänge müssen sich die Waage halten, Informationen darüber werden explizit nicht benötigt. v = const ist bei Kriechversuchen mit τ = const in guter Näherung realisiert. Im dynamischen Versuch wird dagegen sehr oft L_Q = const oder $L_Q = L_Q(a)$ beobachtet. Dies entspricht (6.22).

[2]) So z. B. bedeutet v in (6.21) den räumlichen Mittelwert $(1/\varrho_V V) \int_0^{\varrho_V V} v \, d\nu$, wobei über alle gleichförmig bewegten Elemente $d\nu$ zu integrieren ist; oder im Falle räumlich mit der Periode l schwankender Versetzungsgeschwindigkeit den Mittelwert $\bar{v}$ aus 3.2.11.
Meist erfolgt die Versetzungsbewegung sprunghaft. Dann ist $v = L/(t_w + t_l)$ auf die Summe von Warte- und Lauf-Zeiten t_w und t_l bezogen.

Im allgemeinen werden sowohl ϱ_V als auch L zeitabhängig sein, und die Spezialisierungen (6.21) bzw. (6.22) sind jeweils bezüglich ihrer Anwendbarkeit zu prüfen. Für eine Diskussion dieser Probleme sei auf KOCKS, ARGON, ASHBY; MECKING, LÜCKE verwiesen.

Die kontinuumsmechanische Beschreibung bewegter Versetzungen[1]) verwendet den Tensor der Versetzungsstromdichte

$$\mathfrak{j} = \frac{\partial}{\partial \boldsymbol{r}} \boldsymbol{v}_{\text{ges}} - \frac{\partial}{\partial t} \mathfrak{e}^e, \tag{6.23}$$

der der Bedingung (Erhaltungssatz des BURGERS-Vektors[2]))

$$\frac{\partial}{\partial t} \boldsymbol{\alpha} + \frac{\partial}{\partial \boldsymbol{r}} \times \mathfrak{j} = \boldsymbol{0} \tag{6.24}$$

genügen muß. $\boldsymbol{\alpha}$ ist der Tensor der BURGERS-Vektor-Dichte (vgl. 3.2.1.[3])), $\boldsymbol{v}_{\text{ges}}$ der Vektor der Verrückungsgeschwindigkeit eines Volumenelementes. Wegen $\mathfrak{e} = \mathfrak{e}^e + \mathfrak{e}^p$ und $(\partial/\partial t)\, \mathfrak{e} = (\partial/\partial \boldsymbol{r})\, \boldsymbol{v}_{\text{ges}}$ erweist sich $\mathfrak{j}$ in der Form

$$\mathfrak{j} = \frac{\partial}{\partial t} (\mathfrak{e} - \mathfrak{e}^e) = \frac{\partial}{\partial t} \mathfrak{e}^p \tag{6.25}$$

als Zeitableitung der plastischen Deformation. Die Änderung der plastischen Verzerrung beträgt somit

$$\delta \boldsymbol{\epsilon}^p = \frac{1}{2} (\mathfrak{j} + \tilde{\mathfrak{j}})\, \delta t. \tag{6.26}$$

Für N parallele, mit der Geschwindigkeit $\boldsymbol{v}$ bewegte Versetzungen nimmt die Stromdichte den Wert

$$\mathfrak{j} = N \boldsymbol{b}\, \boldsymbol{e}_s \times \boldsymbol{v} \tag{6.27}$$

an ($\boldsymbol{s}/s = \boldsymbol{e}_s$ Tangenteneinheitsvektor).[4])

---

[1]) Vgl. KOSEVIČ.

[2]) Aus (6.24) und (3.9) folgt $(\partial/\partial t)\, \boldsymbol{b} = \oint\limits_B \mathfrak{j} \cdot d\boldsymbol{r}$.

[3]) Das dort verwendete $\mathfrak{e}$ ist rein elastischen Ursprungs. Daher hat man es nun durch $\mathfrak{e}^e$ zu ersetzen.

[4]) $\operatorname{Sp} \mathfrak{j} = 0$ bedeutet konservative Versetzungsbewegung ohne Volumenänderung.

Die Bewegungsgleichung der Versetzungen (Verschwinden der Kraftdichte auf die durch $\boldsymbol{\alpha}$ und $\mathbf{j}$ gekennzeichnete Versetzungsanordnung) lautet mit diesen Begriffsbildungen (vgl. KOSEVIČ; PEGEL)

$$\mathrm{Sp}(\boldsymbol{\sigma} \times \boldsymbol{\alpha}) - \varrho \mathbf{j} \cdot \boldsymbol{v}_{\mathrm{ges}} = 0 \tag{6.28}$$

(ϱ Massendichte).

6.4. Inhomogenitäten

Wir weisen nun noch kurz auf Abweichungen vom homogenen Verformungsablauf hin, der in 6.2.2 vorausgesetzt worden war. Abgleitung erwies sich als an bewegliche Versetzungen gebunden (vgl. 6.3), Versetzungen wiederum sind in der Regel inhomogen verteilt. Die Situation der Abb. 6.1a kann als Regelfall gelten. Lokale und mittlere Abgleitung selbst eines unter einachsiger Spannung deformierten Einkristalls können beträchtlich voneinander abweichen (vgl. Abb. 6.5). An der Oberfläche wechseln Gebiete hoher Gleitliniendichte (falls nicht auflösbar als Gleitbänder bezeichnet) mit solchen geringer ab. Gelegentlich werden Riesengleitstufen beobachtet (Abb. 6.6).

Versetzungen bleiben im Kristall liegen, wenn die wirksame Kraft (3.23) verschwindet (oder einen kritischen Wert unterschreitet).[1] Gleitlinien enden dann am Durchstoßpunkt der Versetzungslinie durch die Kristalloberfläche. An Hindernissen der Versetzungsbewegung (vgl. 7.1) können sich sehr viele Versetzungen aufstauen, so daß auch die Abgleitung in ein und derselben Gleitebene stark inhomogen wird. Der von der Gleitung erfaßte Bereich der Gleitebene heißt Gleitzone. Ihre Abmessungen sind ein Maß für maximale Versetzungslaufwege L (vgl. Abb. 6.7).[2]

---

[1] I. allg. als Wirkung äußerer und/oder innerer Spannungen.

[2] Vgl. z. B. BERNER, KRONMÜLLER.

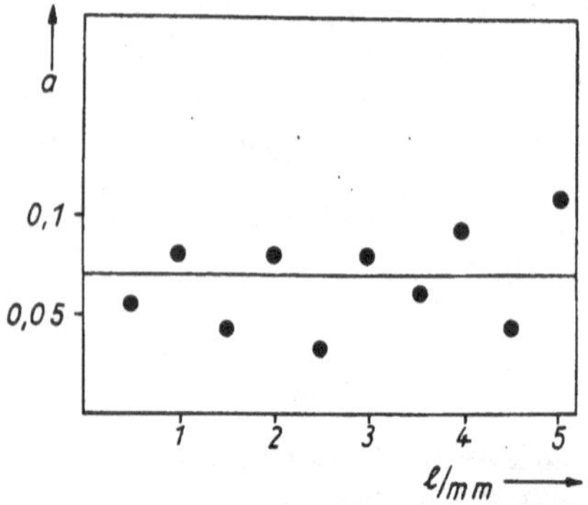

Abb. 6.5. Abgleitung a als Funktion der Kristallänge l nach Kompression eines $MgZn_2$-Einkristalls ($\bar{a}$ aus Gesamtlängenänderung ermittelte Abgleitung; nach STEIDING)

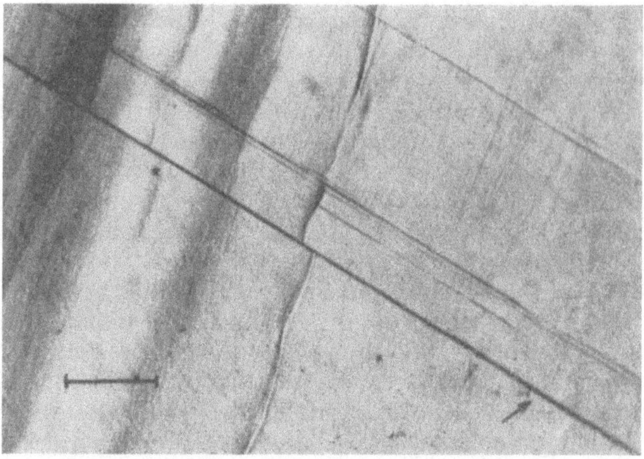

Abb. 6.6. Stark lokalisierte Basisgleitung eines Einkristalls der intermetallischen Verbindung $MgZn_2$, der bei 450 °C um 11,2% gestaucht wurde. Die mit Pfeil bezeichnete Gleitstufe vermittelt eine Verschiebung der angrenzenden Kristallteile, die dem Durchgang von etwa 20000 Versetzungen entspricht (nach MÜLLER 1975b, Maßstrich = 100 μm)

Die genannten Inhomogenitäten der Abgleitung werden quantitativ durch Bestimmung der aktiven Kristallänge bzw. des aktiven Kristallvolumens berücksichtigt.[1]) Einen Sonderfall inhomogener Deformation stellen sog. Deformationsbänder dar, die gewöhnlich mit Orientierungsänderungen makroskopischer Bereiche einhergehen. Innerhalb der Bänder, die z. T. mit bloßem Auge sichtbar sind, haben Gleitprozesse meist auf verschiedenen

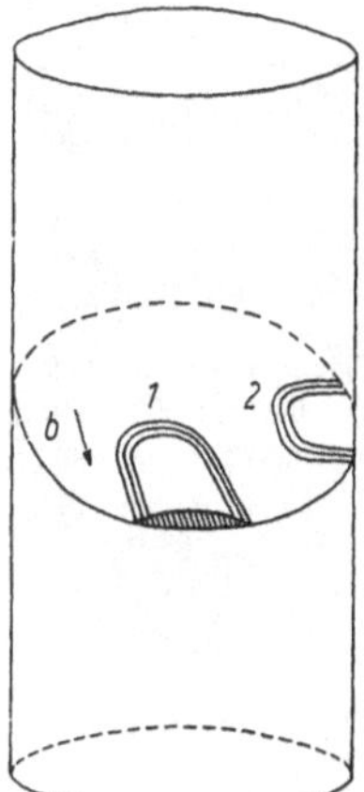

Abb. 6.7. Schematische Darstellung zweier Gleitzonen nach MADER und SEEGER. Die Gleitzone 1 hinterläßt eine Stufe (schraffiert) an der Oberfläche, deren Länge ein Maß für den Laufweg von Schraubenversetzungsanteilen ist. Entsprechend wird die (kleinere) Stufe von 2 durch den Laufweg der Stufenversetzungsanteile bestimmt.

Gleitebenen stattgefunden, außerhalb nicht (vgl. Abb. 6.8). Im Laufe der Verformung können sich diese Bänder im ganzen als plastische Welle durch den Kristall bewegen. Spezielle Formen davon heißen LÜDERS-, Akkomodations-, PORTEVIN-LE CHATELIER- und Knick-Bänder. Sie entstehen als Folge stark lokalisierter Versetzungsquelltätigkeit, die ihrerseits durch inhomogene äußere Spannungen ausgelöst wird. Der Kristall kann dem äußeren Zwang auch durch lokalen Übergang in die Zwillingsstellung (Zwillings-Bänder) nachgeben (vgl. z. B. HONEY-

[1]) Vgl. dazu z. B. NEUHÄUSER, HIMSTEDT, SCHWINK; NEUHÄUSER, HIMSTEDT.

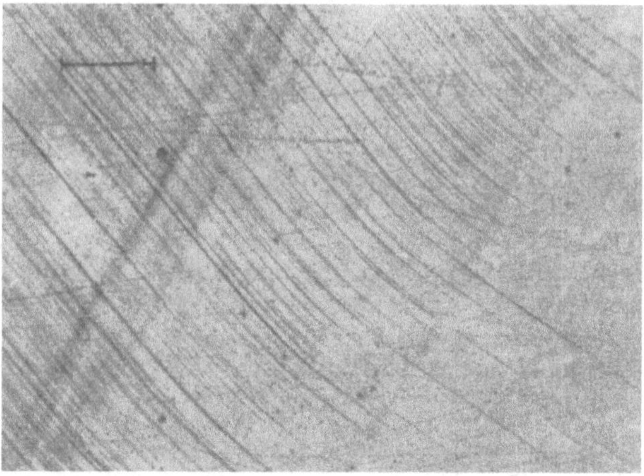

Abb. 6.8. a) Deformationsbandfront auf der {10$\bar{1}$0}-Fläche eines bei 399 °C um 10% verformten Einkristalls der intermetallischen Verbindung $MgZn_2$ (Basisgleitung, nach MÜLLER 1975b) Maßstrich = 100 μm.

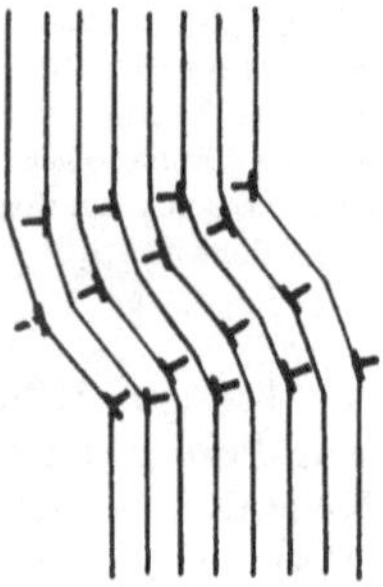

b) Schematische Darstellung der Deformationsbandgeometrie. Versetzungsanhäufungen eines Vorzeichens gewährleisten die Orientierungsänderung

COMBE; KLASSEN-NEKLJUDOVA). Auch bezüglich ihres zeitlichen Ablaufs werden Inhomogenitäten der Verformung beobachtet. In der τ-a-Kurve können bei genügend hoher Auflösung der Meßanordnung Sprünge registriert werden, die ungleichförmige Versetzungsaus-

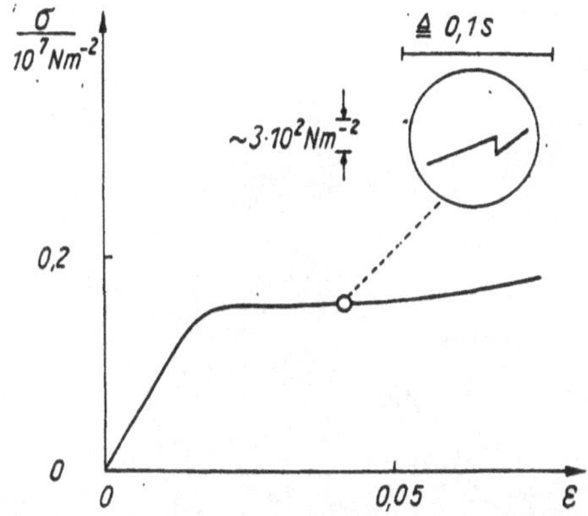

Abb. 6.9. Sprünge in der Spannungs-Dehnungs-Kurve als Folge ungleichförmiger Versetzungsbewegung in einem Mg-Einkristall können nur mit hochempfindlicher Kraftmessung nachgewiesen werden. Ein Beispiel ist vergrößert dargestellt. Bis zu 11% Dehnung wurden dabei rund 139000 akustische Impulse registriert. Das entspricht einer mittleren Dehnung von $8 \cdot 10^{-6}$ pro Impuls (nach FISHER, LALLY).

breitung anzeigen (Abb. 6.9).[1]) Eine mögliche Ursache dafür ist in Abb. 6.10 am Beispiel einer Rechnersimulation angegeben. Dementsprechend verläuft auch die Gleitbandausbreitung parallel zur Gleitebene sprunghaft (vgl. Abb. 6.11).[2])

6.5. *Verformungsbeginn*

Wächst die Schubspannung im Gleitsystem über den der Elastizitätsgrenze σ_E entsprechenden Wert, bewegen sich Versetzungen und/oder werden Quellen aktiviert (vgl.

[1]) Die Mehrzahl der Verformungseinrichtungen integriert darüber.

[2]) Diese lawinenartig erfolgende Versetzungausbreitung löst akustische Signale aus, deren einzelne Impulse einer Bewegung von bis zu 150 Versetzungen im makroskopischen Kristall entsprechen (vgl. DUNEGAN, TATRO).

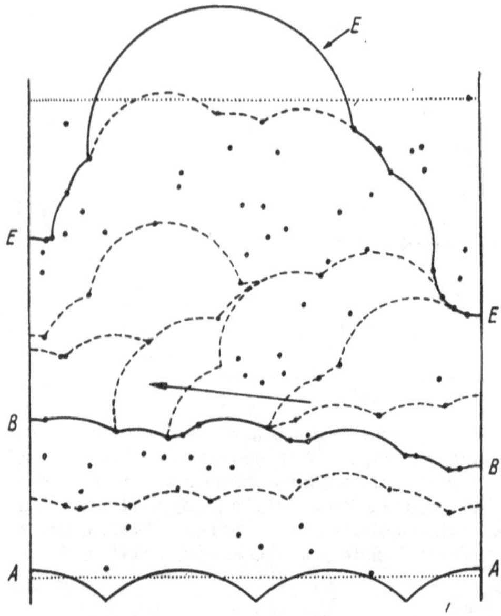

Abb. 6.10. Sprunghafte Versetzungsbewegung im Feld punktförmiger Hindernisse (vgl. 3.2.10.). Die Verankerung der Versetzungslinie (Ausgangslage A, Endlage E) wird im vorliegenden Beispiel gelöst, wenn die beiden angrenzenden Linienelemente unter dem Einfluß einer wachsenden Schubspannung zu einem Winkel von 130° durchgebogen werden. Von der Lage B ab ist kein weiterer Spannungszuwachs erforderlich, um E zu erreichen. Einige Zwischenlagen der Versetzung sind gestrichelt angegeben. Der Pfeil gibt die Reihenfolge des Losreißens aus der Lage B an (nach FOREMAN, MAKIN)

3.2.6). Im Falle des gut untersuchten Kupfers z. B. wird ein starker Anstieg der Gesamtversetzungsdichte nach Überschreiten einer kritischen Schubspannung τ_0 beobachtet (τ_0 entspricht dem makroskopisch beobachtbaren Fließbeginn, vgl. 7.1.1.1.). Unterhalb τ_0 ändert sich lediglich das Verhältnis von beweglichen zu unbeweglichen Versetzungen (Abb. 6.12).

Versetzungsvervielfachung (vgl. 3.2.6) ist der momen-

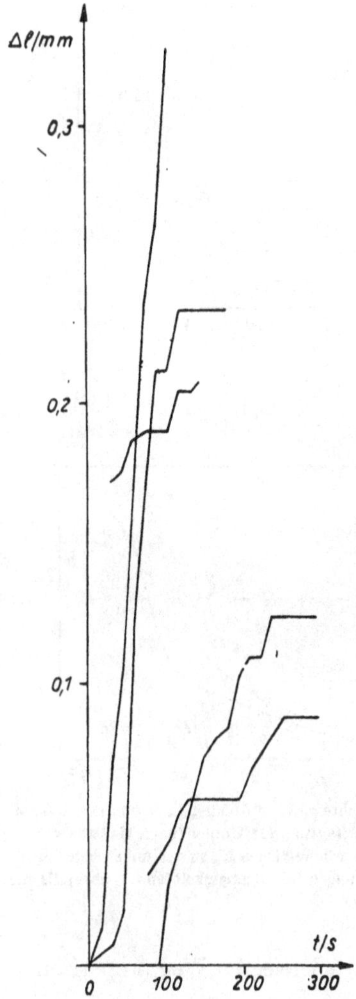

Abb. 6.11. Längenwachstum Δl fünf verschiedener Gleitstufen bei der Verformung von $MgZn_2$-Einkristallen (66,66 At.% Zn, $T = 400\,°C$, $\dot{\varepsilon} = 0{,}5 \cdot 10^{-4}\,s^{-1}$; nach MÜLLER 1975a)

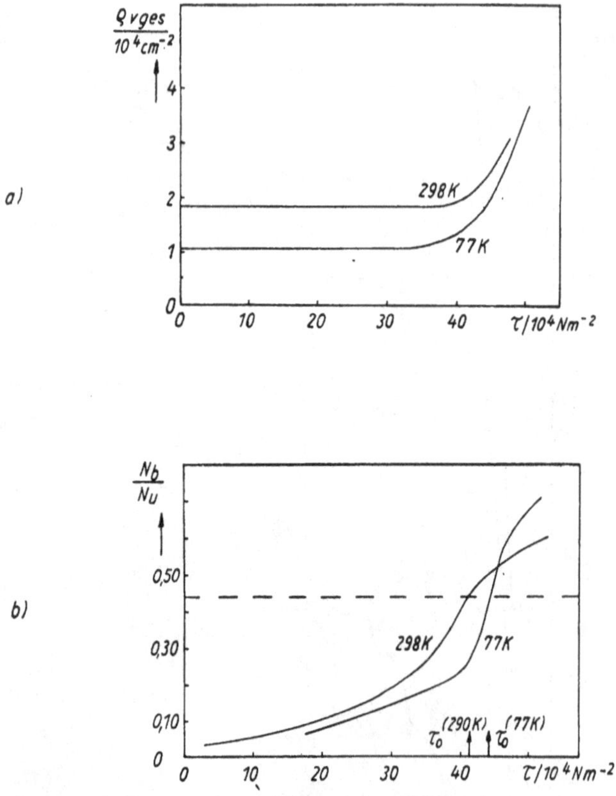

Abb. 6.12. a) Gesamtversetzungsdichte $\varrho_{V\text{ges}}$ in Abhängigkeit von der äußeren Schubspannung τ im Gleitsystem für Kupfer (nach MARUKAWA)
b) Verhältnis der Zahl der beweglichen N_b zu den unbeweglichen N_u eingewachsenen Versetzungen in Abhängigkeit von τ, ebenfalls für Kupfer (nach MARUKAWA)

tanen Dichte und dem zurückgelegten Weg proportional, d. h.

$$d\varrho_V = q\varrho_V v \, dt\,, \tag{6.29}$$

wo q ein die Ausbeute kennzeichnender Brutkoeffizient

ist. Mit (6.21) wird wegen

$$\mathrm{d}\varrho_V = \frac{q}{b}\,\mathrm{d}a \tag{6.30}$$

die Versetzungsdichte linear von der Abgleitung abhängig,

$$\varrho_V = \varrho_0 + Ma, \tag{6.31}$$

$M = q/b$; ϱ_V hat die Bedeutung der gesamten Versetzungsdichte, ϱ_0 die einer Anfangsdichte beweglicher Versetzungen.[1])

Wenn der Versetzungsdichtevorrat ϱ_0 zu Beginn der plastischen Verformung ($\tau > \tau_E$) und/oder der Vervielfachungskoeffizient M klein sind, wird im dynamischen Verformungsversuch eine Streckgrenze beobachtet, die auf Versetzungsmangel beruht.

Ihr Zustandekommen sieht man anhand der sog. Maschinengleichung ein (vgl. z. B. HAASEN 1964): Die Querjochgeschwindigkeit der Verformungsapparatur $\dot{S}_{ges}$, die im dynamischen Versuch konstant gehalten wird, führt sowohl zu einer plastischen Längenänderung $\dot{S}^p = \dot{a}/(\mathrm{d}a/\mathrm{d}S^p)$ als auch zu einer elastischen $\dot{S}^e = \dot{F}/F'$, d. h. $\dot{S}_{ges} = \dot{S}^e + \dot{S}^p$. Hierbei sind $\dot{a}$ die Abgleitgeschwindigkeit, $\mathrm{d}a/\mathrm{d}S^p \approx \mathrm{d}a/\mathrm{d}S_{ges}$ ein Geometriefaktor, $\dot{F} = \mathrm{d}F/\mathrm{d}t$ die zeitliche Änderung der Kraftanzeige und $F' = \mathrm{d}F/\mathrm{d}S^e$ eine die elastischen Eigenschaften von Probe und Apparatur beschreibende Konstante. Mit (6.21) erhält man

$$\frac{\mathrm{d}F}{\mathrm{d}S_{ges}} = F'\left(1 - \frac{\varrho_V b v}{\dot{S}_{ges}\,\dfrac{\mathrm{d}a}{\mathrm{d}S_{ges}}}\right) \tag{6.32}$$

als Änderung der Kraftanzeige mit dem Querjochvorschub. Zu Verformungsbeginn ist $v \approx 0$ und $\mathrm{d}F/\mathrm{d}S_{ges} \approx F'$. Oberhalb einer (stark temperaturabhängigen) Startspannung wird $v > 0$ (vgl. 3.2.11). Außerdem wächst ϱ_V entsprechend (6.31) bis die

---

[1]) Zu Verformungsbeginn enthält ϱ_0 in der Regel einen beträchtlichen Anteil unbeweglicher Versetzungen (vgl. Abb. 6.12b). Da der Anstiegsfaktor M Werte der Größenordnung $10^{16}\,\mathrm{m}^{-2}$ erreicht, überwiegt bald der 2. Term in (6.31). Damit fällt der genannte Anteil nicht mehr ins Gewicht.

obere Streckgrenze (vgl. 5.2) $dF/dS_{ges} = 0$ erreicht ist. Da die Spannung nun sinken kann, ändern sich v und ϱ_V gegenläufig, bis wegen der stärkeren Abhängigkeit von $v(\tau)$ eine untere Streckgrenze erreicht wird. Die Besonderheiten der einzelnen Substanzen gehen über $\varrho_V(a, \tau, T)$ und $v(\tau, T)$ in die Rechnung ein. Metallische Elemente weisen meist hohe ϱ_0-Werte auf ($\approx 10^6 \cdots 10^8\,cm^{-2}$). An Mischkristallen, Halbleitern, intermetallischen Verbindungen sind dagegen derartige Streckgrenzen beobachtet worden (vgl. Abb. 6.13).

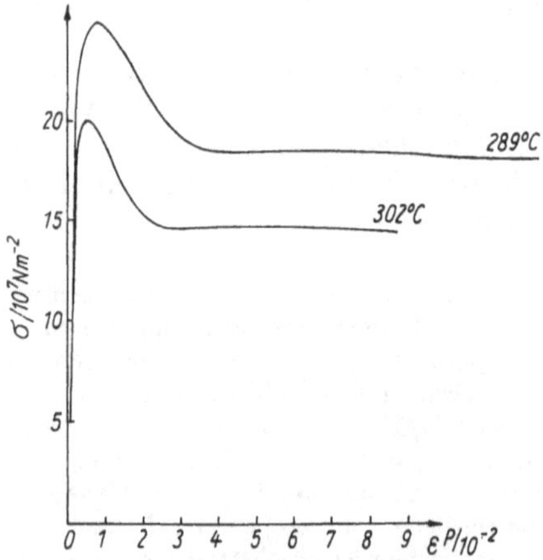

Abb. 6.13. Spannungs-Dehnungs-Kurve $\sigma(\varepsilon^P)$ von $MgZn_2$ (66,66 At.% Zn) für 2 verschiedene Verformungstemperaturen (Anfangsorientierung des Basisgleitsystems $\mu = 0{,}45$, Vorschubgeschwindigkeit des Druckstempels $4 \cdot 10^{-7}\,ms^{-1}$, $\dot{\varepsilon}^P(0) = 5{,}4 \cdot 10^{-5}\,s^{-1}$) (nach MÜLLER 1975a).

7. Verfestigung und Entfestigung

Während in Teil 6 vornehmlich die Gestaltänderung im Verlaufe plastischer Verformung durch Gleiten untersucht wurde, soll nun die für Anwendungen gleichfalls wichtige Zu- oder Abnahme der Fließspannung Gegenstand der Betrachtung sein. Dem Anliegen dieser Darstellung entsprechend konzentriert sich die Erörterung auf den Einkristall, der einsinniger Verformung unterworfen ist (vgl. 5). Die wesentlichen Begriffe werden zunächst anhand experimentellen Materials in der Form $\tau(a)$[1]) oder $\sigma(\varepsilon)$ (vgl. 5.2 und 6.2.1) eingeführt, später dann auf die Versuchsführung mit τ oder $\sigma = \text{const}$ (Kriechen) angewandt.

7.1. Verfestigung

Gegenstand der Ausführungen dieses Kapitels ist die Verfestigung $d\tau/d\xi > 0$ bzw. $d\sigma/d\xi > 0$, wo ξ für Abgleitung (bzw. Verzerrung), Legierungsgehalt und -verteilung, Ordnungsgrad, Bestrahlungsdosis oder Temperatur steht.[2]) Aus dem komplexen Geschehen, das z. B. den Experimenten der Abb. 5.2 und 5.3 zugrunde liegt, sind diese Einflußgrößen herausgegriffen worden, weil sie nach den bisherigen Erkenntnissen den Hauptanteil der Verfestigung von Systemen in der Nähe des thermodynamischen Gleichgewichts ausmachen.

7.1.1. Verformungseinfluß

7.1.1.1. Verfestigungskurve

Der Vergleich einer Vielzahl von Verfestigungskurven $\tau(a)$ läßt Gemeinsamkeit bezüglich der Form erkennen (Abb. 7.1). Die ursprünglich an kubisch-flächenzentrierten Metallen beobachtete Dreiteilung wurde inzwischen auch bei einigen weiteren Strukturtypen angetroffen (mitunter beschränkt auf bestimmte Intervalle der Temperatur und Verformungsgeschwindigkeit), wie z. B. Vertretern vom W-Typ (A 2) (z. B. hochreines Fe, Mo, Nb,

---

[1]) $\tau(a)$ mit $\dot{a} = \text{const}$ wird gewöhnlich als Verfestigungskurve im Unterschied zur Kriechkurve $a(t)$ mit $\tau = \text{const}$ bezeichnet.

[2]) Beim allgemeinen technischen Werkstoff können noch Korngröße und Phasenzusammensetzung hinzukommen.

Ta, aber auch Stahl), Mg-Typ (A 3) (z. B. Zn, Cd, Mg, Co), Diamant-Typ (A 4) (z. B. Ge, Si), NaCl-Typ (B 1) (z. B. NaCl, LiF, MgO), CsCl-Typ (B 2) (z. B. FeCo, FeRh), Zinkblende-Typ (B 3) (z. B. InSb), Cu_3Au-Typ ($L1_2$) (z. B. Cu_3Au, Ni_3Fe, Ni_3Mn), BiF_3-Typ (DO_3) (z. B. Fe_3Si).

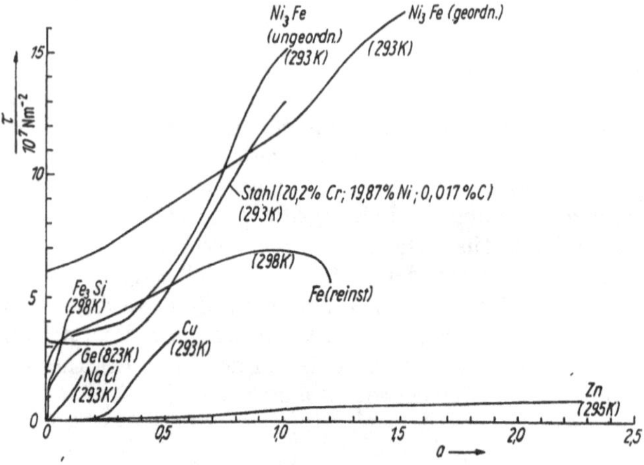

Abb. 7.1. Schubspannung τ im Gleitsystem (vgl. Tab. 6.1) als Funktion der Abgleitung a für verschiedene Kristalle. Parameter ist die Versuchstemperatur T. Die elastischen Verzerrungsanteile wurden in Abzug gebracht.

Diesem Befund kommt erhebliche praktische Bedeutung zu, ermöglicht er doch die Zerlegung der Kurve in charakteristische Zahlenwerte, deren Variation mit Veränderung äußerer Parameter leicht untersucht werden kann. Die wichtigsten Kenngrößen enthält Abb. 7.2. Abweichungen von der Standardform wurden schon in 6.4 und 6.5 erörtert.

Die plastische Verformung beginnt oberhalb τ_0 (vgl. Tab. 7.1 und Abb. 7.1) mit einem zunächst geringen, praktisch konstanten Anstieg ϑ_{I} im Bereich I, der von einem steileren ϑ_{II} im Bereich II abgelöst wird. Es schließt

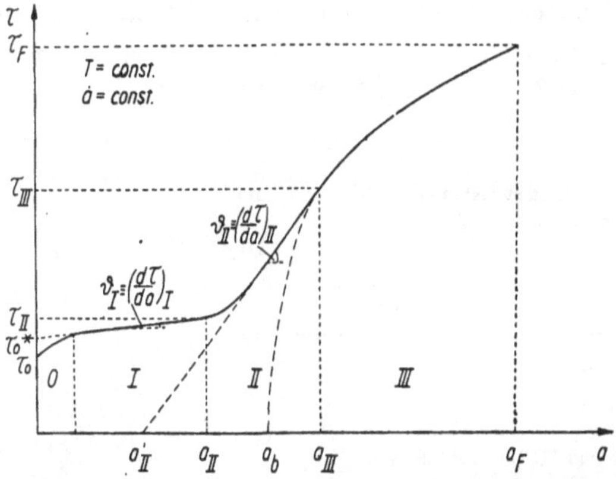

Abb. 7.2. Qualitative Standardform der 3-Bereiche-Verfestigungskurve nach DIEHL. Der kurze Anfangsteil 0 ist bei kubisch-raumzentrierten Metallen stärker ausgeprägt. Die makroskopische plastische Verformung setzt bei der kritischen Schubspannung $\tau_0 \approx \tau_0^*$ ein. Der lineare Anfangsteil *I* mit kleinem Verfestigungskoeffizienten ϑ mündet in einen ebensolchen *II* mit hohen Werten ein. Im Anschluß an Bereich III (gegenüber II Entfestigung) tritt bei τ_F Bruch ein. Bei hexagonalen Kristallen hat sich für I, II bzw. III die Bezeichnung A, B bzw. C eingebürgert.

Tabelle 7.1
Beispiele kritischer Schubspannungen τ_0 bei Raumtemperatur (zugehörige Gleitsysteme vgl. Tab. 6.1)

Vertreter		$\tau_0/10^7$ Nm^{-2}	Gleitebene
Zn		0,050	0001
Cd		0,025	0001
Co		1,2	0001
Au		0,09	111
Cu	(99,999%)	0,064	111
	(99,98%)	0,092	
Ag		0,05	111
MgO		7,0	110
LiF		1,2	110
NaCl		0,07	110
	(2 – 3) ppm Ca^{++}	0,82	100
	20 ppm Ca^{++}	1,23	100

sich nach Überschreiten von τ_{III} ein parabolischer Kurventeil $\tau = \beta'\sqrt{a - a_b}$ an, wobei $\beta' = \sqrt{2\tau_{III}\vartheta_{II}}$ und $a_b = (a_{III} + a'_{II})/2$ ist. Für Zahlenwerte vgl. Tab. 7.2.

Tabelle 7.2
Parameter der Verfestigungskurve von Einkristallen bei Raumtemperatur

a) Bereich I

Vertreter	a_{II}	$\vartheta_I/10^7$ Nm^{-2}
Ni	0,008	4,0
Cu	0,05	2,0

b) Bereich II und III (nach BELL 1968)

Vertreter	$\vartheta_I/10^7$ Nm^{-2}	$\tau_{III}/10^7$ Nm^{-2}	$\beta_0/10^7$ Nm^{-2}
Ta	2,1	6,8	5,7
Ni	24,5	1,4	10
Cu	13	1,6	8
Au	10	1,3	6,5
Ag	10,1	1,4	8,4
Al	8	0,5	3,5

$\beta_0 = \beta\,(T \to 0)$

Die einzelnen Parameter hängen unterschiedlich stark von der Kristallstruktur, der chemischen Zusammensetzung, der Kristallorientierung bezüglich der angelegten Spannung, der Form und Größe des Kristalls, der Verformungstemperatur, der Verformungsgeschwindigkeit, der Oberflächenbeschaffenheit und -bedeckung, der Vorverformung, der thermischen Vorgeschichte und einiger weiterer Parameter ab. Wir können hier nur auf einige Ursachen beispielhaft hinweisen. Für ausführlichere Darstellungen vgl. HONEYCOMBE; BERNER und KRONMÜLLER; CHAMPIER und SAADA.

Ein Einfluß der Kristallabmessungen kann dadurch entstehen, daß die Laufwege der Versetzungen in die Größenordnung des Kristalldurchmessers kommen. Weiterhin kann diese Versetzungsdichte und -verteilung in oberflächennahen Schichten stark von der im Kristallinnern abweichen.

Die Orientierung des Kristalls bezüglich der Stabachse $\boldsymbol{t}$ im Zugversuch bestimmt die Schubspannungswerte in allen Gleitsystemen. Da aber Versetzungsbewegung auch schon bei Spannungen unterhalb der zum Gleitsystem gehörigen makroskopischen kritischen Schubspannung einsetzen kann, wird die Aktivität von Nebengleitsystemen von der Orientierung stark beeinflußt (damit die Verfestigungskurve, s. u.). An Kristallen vom Cu-Typ liegen umfangreiche Erfahrungen vor. Dort nehmen τ_0, ϑ_{I}, ϑ_{II} und τ_{III} ihre kleinsten Werte in der Mitte des Orientierungsdreiecks an, während a_{II} dort am größten ist. In dieser sog. Mittelorientierung ist ein Gleitsystem gegenüber anderen spannungsmäßig besonders begünstigt.

Bereich I ist besonders stark abhängig von der Mehrzahl der oben genannten Einflußgrößen und wird vorzugsweise in sehr reinen, mittelorientierten Kristallen angetroffen, die keine Vorverformung erfahren haben. Er fehlt bei sehr vielen Experimenten ganz.

Zu den wenig empfindlichen Kenngrößen ist ϑ_{II} zu rechnen, praktisch invariant gegenüber den genannten Einflüssen ist anscheinend die Form des Bereichs III. Diese stimmt sogar mit dem Verhalten von Polykristallen (vgl. 8) überein (s. Bell 1968). ϑ_{II} schwankt in einem weiten Temperatur- und Substanzbereich (auch Legierungsbestandteile) kubisch-flächenzentrierter Metalle nur im Intervall $(2{,}5 \cdots 4{,}5) \cdot 10^{-3}\, G$ (s. Kronmüller). Das deutet auf die physikalische Äquivalenz der verschiedenen Wechselwirkungsmechanismen. Trotz der oberen Grenze von ϑ_{II} kann sich die Fließspannung in weiten Grenzen ändern, weil τ_{II} entsprechend stark variiert.

Auf polymere Festkörper, selbst kristalline, wird die Dreiteilung der Spannungs-Dehnungs-Kurve gewöhnlich nicht angewandt, obwohl die Ähnlichkeiten zu Bereichen I und II vorhanden sind (vgl. Abb. 7.3). In den meisten Fällen wird eine Streckgrenze beobachtet, wie sie auch niedermolekulare Stoffe (z. B. Halbleiter, Legierungen, vgl. 6.5) zeigen und die man als dem 3-Bereiche-Verlauf überlagert ansehen kann. Im Anschluß an ein Intervall geringer wird ein zweites hoher Verfestigung beobachtet, das bezüglich der zugrundeliegenden physikalischen Prozesse wesentlich von dem Bereich II verschieden ist. Die Verfestigung setzt unmittelbar nach Überschreiten der

Anelastizitätsgrenze ein, wenn die Zugspannung parallel zur Molekülorientierung des kristallinen Polymerwerkstoffes anliegt.

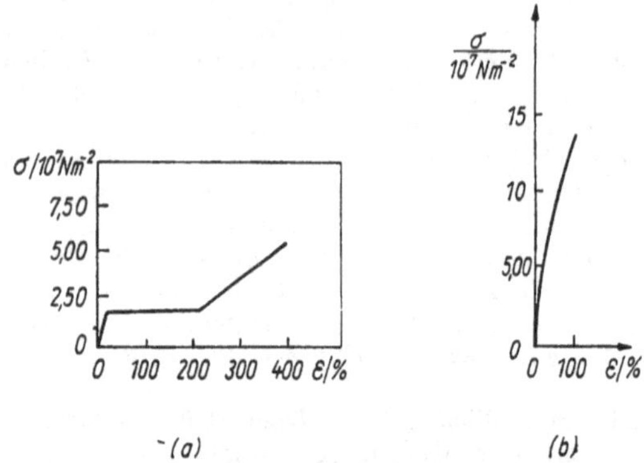

Abb. 7.3. Spannungs-Dehnungs-Kurven (20 °C) von Polyamid im kristallinen Zustand. a) Beanspruchungsrichtung senkrecht zur Achse der Molekülketten, b) parallel dazu (nach GUL)

7.1.1.2. *Mikroskopische Vorgänge*

Den drei Bereichen der Verfestigungskurve liegen deutlich verschiedene Versetzungsstrukturen zugrunde, auf die wir kurz eingehen wollen. Überdies förderten Realstrukturuntersuchungen[1]) auch eine Reihe substanzbedingter Unterschiede innerhalb eines Bereiches zutage, die jedoch im qualitativen Verlauf der Verfestigungskurve nicht zum Ausdruck kommen. Am ausführlichsten untersucht sind Kristalle vom Cu-Typ.

[1]) Die ergiebigsten Methoden sind die Elektronendurchstrahlungs-Mikroskopie (Abbildung von Einzelversetzungen), die Röntgentopographie (Versetzungsgruppen), die Ätztechnik (Einzelversetzungen), die elektronenmikroskopische Abdrucktechnik (Gleitgeometrie, Laufwege) und einzelne magnetische, optische und elektronische bzw. elektrische Eigenschaftsmessungen (integrale Verzerrungen). Für methodische Übersichten sei auf AMELINCKX; NABARRO, BASINSKI und HOLT verwiesen.

Charakteristisch für den Bereich I sind lange, homogen verteilte Gleitlinien (s. Abb. 7.4) an der Oberfläche, deren Länge verformungsunabhängig ist. Die Versetzungen werden zunächst in langen Strängen an Hindernissen aufgehalten, die nicht von der Verformung abhängen, wie z. B. Kleinwinkelkorngrenzen. Dipolanordnungen (vgl. 3.2.4) dominieren bald[1]), weitreichende Spannungs-

Abb. 7.4. Elektronenmikroskopisches Oberflächenbild eines verformten Kupfer-Einkristalls im Bereich I der Verfestigungskurve ($a = 9{,}4\%$). $V = 7000:1$. (nach MADER)

felder fehlen fast ganz (vgl. 3.2.7). Dagegen trifft nun eine gleitende Versetzung im Mittel in Abständen l^2/h entlang ihrer Gleitebene auf ein solches lokales Hindernis, wenn der mittlere Abstand der Dipole untereinander l beträgt. Lokale Anhäufungen von Stufenversetzungen entstehen. Gleitung erfolgt überwiegend in einer (primären) Gleitebene (vgl. Tab. 6.1). Substanz- oder gar präparat-

---

[1]) Dipole der Höhe h sind stabil, solange die Schubspannung τ kleiner als $Gb/2\pi h$ bleibt, was in Bereich I erfüllt ist.

spezifische Unterschiede in den Bewegungsmöglichkeiten der Versetzungen basieren auf unterschiedlicher Verteilung der Versetzungen zu Verformungsbeginn und auf Unterschieden in den Quellmechanismen (vgl. 3.2.6).

Der Übergang zu Bereich II ist von starker Betätigung eines oder mehrerer zusätzlicher (sekundärer) Gleitsysteme begleitet. Primäre und sekundäre Versetzungen in vergleichbaren Dichten reagieren miteinander und bilden wirksame Hindernisse für weitere Versetzungsbewegung. Nachfolgende Gleitversetzungen bleiben hängen. Auf diese Weise beginnt sich eine Zellstruktur auszubilden, deren Wände von Gebieten hoher Versetzungsdichte geformt werden. Gleitung erfolgt nur noch in Bereichen geringer Versetzungsdichte. Gleitlinien werden dementsprechend in ungleichmäßig verteilten Gleitbändern angetroffen. Ihre Länge nimmt mit wachsender Abgleitung ab. Bei Sekundärgleitung und Hindernisbildung werden kristallographisch bedingte Unterschiede beobachtet.

Beispielsweise ist in Kristallen vom Mg-Typ mit übernormalem Achsenverhältnis $c/a > \sqrt{8/3}$ Basisgleitung so deutlich gegenüber möglichen anderen Gleitsystemen begünstigt, daß die Ausdehnung a_{II} des Bereiches I (bzw. A) bei Werten um 2 liegen kann, während sie bei Vertretern vom Cu-, W- und NaCl-Typ um ein bis zwei Zehnerpotenzen darunter gefunden wird (vgl. auch Tab. 7.2).

Als Hindernisse werden Versetzungsringe wirksam, die ohne Beteiligung anderer Gleitsysteme durch Leerstellenkondensation entstehen (vgl. auch 3.2.6 und Abb. 3.7A).

Im Cu-Typ sind als Hindernisse LOMER-COTTRELL-Versetzungen (vgl. (3.29a, b)) beobachtet worden, im NaCl-Typ ist eine analoge Reaktion möglich: $(1/2)\,[10\bar{1}] + (1/2)\,[0\bar{1}1] = (1/2)\,[1\bar{1}0]$. Da wegen der Ionenbindung im NaCl-Typ $\{110\}$ Ebenen als Gleitebenen fungieren (vgl. Tab. 6.1), laufen die beiden Reaktionspartner auf der (101)- bzw. der (011)-Ebene aufeinander zu. Das Reaktionsprodukt mit $\boldsymbol{b} = (1/2)\,[1\bar{1}0]$ ist dann nur in der (112)-Ebene beweglich, die aber keine Gleitebene ist. Auch hier (wie im Falle (3.29b)) wird die entstehende Versetzung praktisch unbeweglich, wenn die Reaktionspartner eine Aufspaltung erfahren und damit an einen Stapelfehler gebunden sind. Die Reaktionsgleichungen lauten in diesem Falle: $(1/2)[10\bar{1}] \rightarrow (1/4)[10\bar{1}] + (1/4)[10\bar{1}]$, $(1/2)[0\bar{1}1] \rightarrow (1/4) \times [0\bar{1}1] + (1/4)[0\bar{1}1]$; $(1/4)[10\bar{1}] + (1/4)[0\bar{1}1] \rightarrow (1/4)[1\bar{1}0]$, als Ergebnis also eine unvollständige Versetzung.

Eine Möglichkeit, im W-Typ durch Sekundärgleitung Hindernisse aufzubauen, sei durch die Reaktionsgleichung $(1/2)[11\bar{1}] + (1/2)[1\bar{1}1] = [100]$ aufgezeigt. Sekundärgleitebene kann z. B. $(32\bar{1})$ sein (vgl. Abb. 7.5).

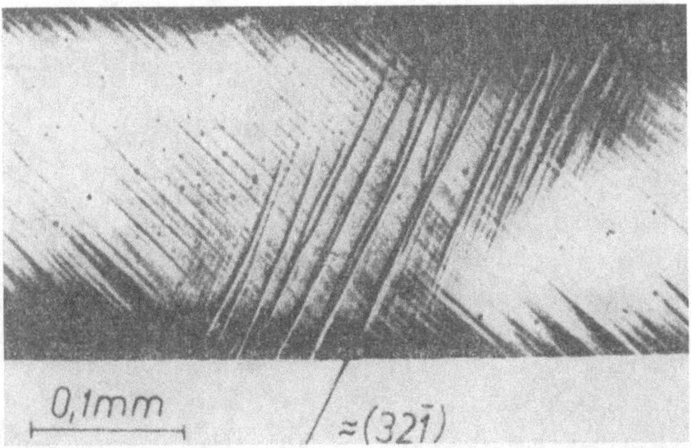

Abb. 7.5. Sekundäre Gleitbänder $\approx(32\bar{1})$ im Bereich II der Verfestigungskurve eines Mo-Einkristalls ($\varepsilon = 12\%$, $T = 493$ K, Umgebung der Seitenlinie) (nach LUFT, RICHTER, REITZENSTEIN, FINKE)

Da die BURGERS-Vektor-Auswahl in erster Linie vom BRAVAIS-Gitter diktiert wird, lassen sich auch für andere Strukturtypen, wie z. B. den CsCl-Typ und den Zinkblende-Typ, Reaktionsgleichungen angeben, die zur Hindernisbildung geeignet sein sollten. Leider reicht das experimentelle Material für ein abschließendes Urteil noch nicht aus.

Als besonders schwierig erweist es sich, etwaige Aufspaltungen in Teilversetzungen (die empfindlich von der Stapelfehlerenergie und damit von der elektronischen Struktur der Substanz abhängen) zu ermitteln.

Im Bereich III ist die Schubspannung soweit angestiegen ($\geqq \tau_{III}$), daß ein Teil der gleitenden Versetzungen imstande ist, die den Bereich II kennzeichnenden ausgedehnten Hindernisse in der Hauptgleitebene zu umgehen (vorwiegend durch Quergleiten). Dadurch werden die Hindernisse senkrecht zur Gleitebene vernetzt, die räumliche Zellstruktur stärker ausgebildet (vgl. Abb. 7.6). Versetzungen gleichen Vorzeichens häufen sich an und rufen Verkippungen und Verdrehungen der angrenzenden Kristallbereiche hervor.

Auch im Bereich III liegt ein markanter Einfluß der Kristallstruktur auf die Versetzungsmechanismen im Detail und damit auf die quantitativen Verhältnisse der Spannungs-Dehnungs-Relation vor. Der zitierte Quergleitmechanismus erfordert hohe Schubspannungen τ_{III}, wenn die gleitende Versetzung in der primären Gleitebene merklich aufgespalten ist (d. h. das betreffende Material eine niedrige Stapelfehlerenergie besitzt[1]), vgl. 3.2.9. u. 3.3.8.). Abb. 3.3A erläutert das am Beispiel des Cu-Typs. Als Quergleitebenen werden i. allg. Ebenen betätigt, die der Primärgleitebene kristallographisch nicht äquivalent sind und die auch gelegentlich sehr hoch indiziert sein können.

[1]) Aus Messung von τ_{III} läßt sich unter Annahme eines solchen Einschnürungsmechanismus die Stapelfehlerenergie γ_{SF} bestimmen. Nach SEEGER (1963) gilt bei genügend tiefen Temperaturen $\tau_{III} = (1/n_A)\{(\sqrt{2}\,G/4\pi) - (2\gamma_{SF}/b)\}$, wo n_A die Zahl der an einem Hindernis aufgestauten Versetzungen (vgl. 7.1.1.3.) bedeutet. Für n_A kann man ≈ 25 setzen (vgl. auch 3.3.9.).

Abb. 7.6. Zellstruktur im Bereich III der Verfestigungskurve eines Mo-Einkristalls ($\varepsilon = 0{,}22$, $\sigma = 11{,}9 \cdot 10^7\,\mathrm{Nm}^{-2}$, $T = 493$ K, Folienebene (101)) (nach LUFT, RICHTER, REITZENSTEIN, FINKE)

7.1.1.3. Quantitative Zusammenhänge

Realstrukturuntersuchungen haben umfangreiche Hinweise auf Versetzungsmechanismen geliefert, die in Einzelheiten der Geometrie sehr verschieden sind, deren Auswirkung auf den quantitativen Verlauf der $\tau(a)$-Beziehung sich nach bisherigen Erkenntnissen dagegen nur wenig unterscheidet (vgl. NABARRO, BASINSKI, HOLT). Hier reicht die Genauigkeit der experimentellen Ergebnisse für eine Modellentscheidung meist noch nicht aus. Dazu tritt eine weitere Schwierigkeit. Ein Metallkristall z. B. von 1 cm^3 Volumen enthält im interessierenden Bereich der Spannungs-Dehnungs-Kurve insgesamt 10 bis 1000 km Versetzungslinien, die sich in sehr unterschiedlicher Umgebung befinden. $\tau(a)$ ist aber ein Mittelwert über das Verhalten von Versetzungsstücken der Länge $\lesssim 10^{-5}$ m. Wir müssen uns daher angesichts dieser Schwierigkeiten hier mit einer pauschalen Beschreibung begnügen.

Verfestigung ist offenbar mit einer Zunahme der Versetzungsdichte verbunden. Als dimensionsbehaftete Größen zur Kennzeichnung des verformten Zustandes stehen die Fließspannung τ, die Versetzungsdichte ϱ_V, der BURGERS-Vektor $\boldsymbol{b}$ und der Schubmodul G zur Verfügung (vgl. Ausführungen von Teil 3 und 5). Nach den Regeln der Dimensionsanalyse muß demnach ein Zusammenhang der Form $\tau/G = f(b\sqrt{\varrho_V})$ zwischen diesen 4 Größen bestehen. Eine äußere Spannung τ übt nach (3.23) die Kraft $b\tau$ auf die Längeneinheit der Versetzungslinie aus. $b\tau$ muß die von anderen auf eine betrachtete Versetzung ausgeübte Kraft oder die Linienspannung der betrachteten Versetzung kompensieren (genauer: etwas überkompensieren), damit Gleitprozesse ablaufen können. Erstere ist nach (3.25) und letztere nach (3.24) $\sim b^2$. Damit hat man $\tau b \sim b^2$, also $\tau \sim b$ und somit $\tau \sim Gb\sqrt{\varrho_V}$. Diese Beziehung ist zuerst von TAYLOR 1934 und später von einer Reihe weiterer Autoren unter Zugrundelegung jeweils anderer spezieller Versetzungswechselwirkungen abgeleitet worden. Sie fand auch direkt experimentelle Bestätigung (vgl. Abb. 7.7). Wie NABARRO, BASINSKI und HOLT unterstrichen haben, lassen sich die verschienen Ansätze in die Gestalt

$$\tau = \frac{Gb}{w} \sqrt{\varrho_V} \tag{7.1}$$

mit einem Faktor $w = 3 \cdots 7$ bringen.[1]) Aufstauungen von n_A Versetzungen gleichen Vorzeichens wirken wie

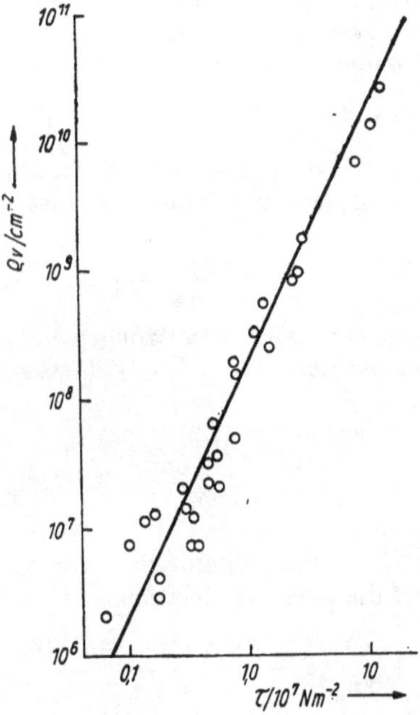

Abb. 7.7. Versetzungsdichte ϱ_V in Abhängigkeit von der äußeren Schubspannung τ an Cu (nach Ätzversuchen von LIVINGSTON). $\lg \varrho_V \sim 2 \lg \tau$.

---

[1]) Beispiele sind: a) Wechselwirkung über das weitreichende Spannungsfeld (3.16) oder (3.17). Die Schubspannung im Abstand r von der Versetzung ist $\tau(r) \approx Gb/2\pi r$. Bei gleichmäßiger Verteilung der Versetzungen beträgt die Entfernung eines beliebigen Punktes zur nächsten Versetzung höchstens $r \approx 1/\sqrt{\varrho_V}$.

eine Versetzung mit dem BURGERS-Vektor $n_A b$. Derartige Aufstauungen sind aber, wie 7.1.1.2. gezeigt hat, gerade hier von Interesse. Wir schreiben deshalb anstelle von (7.1)

$$\tau = \frac{Gb}{w} \sqrt{n_A \varrho_V} \tag{7.2}$$

mit variablem n_A.

Unter Verwendung der kinetischen Betrachtungen, die zu (6.21) und (6.22) führten, kann nun die Differentialgleichung für die Verfestigungskurve angegeben werden. Der gesamte Abgleitungszuwachs durch Erzeugung neuer und Verschiebung vorhandener Versetzungen war (vgl. 6.3.)

$$\mathrm{d}a = \beta L_Q{}^2 b \,\mathrm{d}\nu + \varrho_V b \,\mathrm{d}L_V \tag{7.3}$$

mit $\mathrm{d}\nu \equiv \mathrm{d}N/V$ als Dichte erzeugter Versetzungen. Die zugehörige Gesamtänderung der Versetzungsdichte ist

$$\mathrm{d}\varrho_V = \frac{\partial \varrho_V}{\partial \nu} \mathrm{d}\nu + \frac{\partial \varrho_V}{\partial L_V} \mathrm{d}L_V = \gamma L_Q \,\mathrm{d}\nu + \frac{\varrho_V}{L_V} \mathrm{d}L_V, \tag{7.4}$$

wenn die Dichte der neu erzeugten Versetzungen $\gamma \nu L_Q$ (γ Geometriefaktor) und die der alten $\alpha N L_V/V$ (α Geometriefaktor) beträgt.

Differentiation von (7.2) ergibt mit (7.2)

$$2\tau \,\mathrm{d}\tau = \frac{\tau^2}{n_A} \mathrm{d}n_A + \frac{G^2 b^2}{w^2} n_A \,\mathrm{d}\varrho_V. \tag{7.5}$$

Einsetzen von (7.4) in (7.5) und Elimination von $\mathrm{d}\nu$ mit Hilfe von (7.3) liefert die gesuchte Relation

$$\frac{G^2 b}{2\tau} \frac{\mathrm{d}a}{\mathrm{d}\tau} = \frac{w^2 \beta L_Q}{2\gamma} \frac{\mathrm{d}(1/n_A)}{\mathrm{d}\ln\tau} + \frac{w^2}{2 n_A}\left(1 - \frac{\beta L_Q}{\gamma L_V}\right) \frac{\mathrm{d}L_V}{\mathrm{d}\ln\tau} + \frac{w^2 \beta L_Q}{n_A \gamma}, \tag{7.6}$$

In (7.1) wird damit $w = 2\pi$. b) Schneiden der Waldversetzungen. Als Hindernisse in Abb. 7.11a stelle man sich Versetzungen vor, die die Gleitebene $\boldsymbol{n}$ durchstoßen und deren BURGERS-Vektor nicht in $\boldsymbol{n}$ liegt (Waldversetzungen). Nach 3.2.4. werden beim Schneiden atomare Sprünge mit der Energie $\approx Gb^2 \cdot b/4\pi$ pro Sprung erzeugt. Die Arbeit der äußeren Spannung $\tau b^2/\sqrt{\varrho_V}$ muß die Energie für 2 Sprünge aufbringen. Damit wird in (7.1) wieder $w = 2\pi$.

die die Verfestigungskurve auf Laufwege von Versetzungen, Zahl der Versetzungen in Aufstauungen und Geometriefaktoren zurückführt. In (7.6) ist die Annahme enthalten, daß die Fließspannung durch Wechselwirkung von Versetzungen untereinander oder durch die Linienspannung bestimmt ist. Die Lösung enthält eine Integrationskonstante, durch die der Absolutwert der Schubspannung festgelegt wird.

In Bereich I der Verfestigungskurve war L_Q, $L_V = \text{const}$ und $n_A = \tau\psi$ ($\psi = \text{const}$) beobachtet worden. Aus (7.6) folgt der lineare Anstieg $d\tau/da = G^2 b\psi\gamma/w^2 L_Q$. Für Bereich II sind Aufstauungen mit einer festen Zahl von Versetzungen $n_A \approx \text{const}$ und verformungsabhängige Laufwege $L_Q = \Lambda'/(a - a'_{\text{II}})$ typisch. Weiter setzen wir $L_V \approx \text{const}$. Damit wird nach Integration $\tau = (G/w)\sqrt{bn_A\gamma/2\beta\Lambda'}(a - a'_{\text{II}})$. Die parabolische Form des Bereichs III folgt aus (7.6), wenn berücksichtigt wird, daß sich die Laufwege L_Q nicht weiter verkürzen. Dann bleibt die rechte Seite von (7.6) konstant $= C$. Integration ergibt $\tau = G\sqrt{b/C}\sqrt{a - a_b}$ mit a_b als Integrationskonstante. Auch andere Modellvorstellungen führen zu ähnlichen Ergebnissen[1]), so daß die analytische Beschreibung des Zusammenhanges $\tau(a)$ noch nicht als gelöst angesehen werden kann.

7.1.2. Legierungseinfluß

Fremdatome nehmen teilweise bedeutenden Einfluß auf Form und Lage der Verfestigungskurve, wie sie in 7.1.1. erörtert wurde. Oft wird eine scharfe Streckgrenze beobachtet (Abb. 7.8). Der glatte Kurvenverlauf kann durch Sprünge unterbrochen sein (s. Abb. 7.9) (PORTEVIN-LE CHATELIER-Effekt). Unter den Parametern der Abb. 7.2 ändern sich vor allem diejenigen der Bereiche I und II.

---

[1]) Vgl. auch NABARRO, BASINSKI, HOLT; HONEYCOMBE.

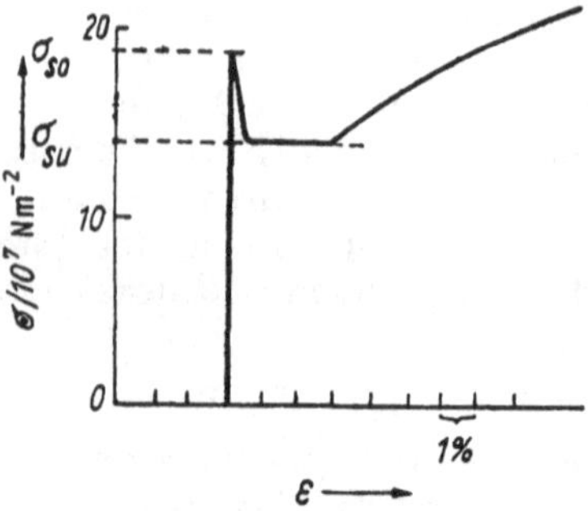

Abb. 7.8. Streckgrenzeneffekt bei polykristallinem Eisen (20 °C, Korndurchmesser 0,025 mm; 0,004 At.% C, 0,003 At.% N, substitutionelle Verunreinigungen 0,03 At.%; nach DINGLEY, MCLEAN)

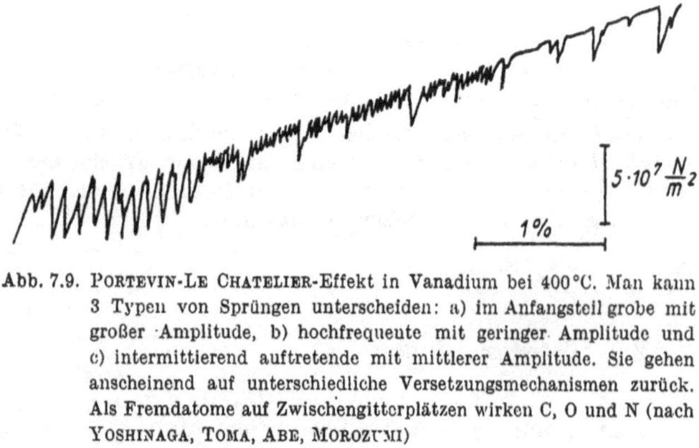

Abb. 7.9. PORTEVIN-LE CHATELIER-Effekt in Vanadium bei 400 °C. Man kann 3 Typen von Sprüngen unterscheiden: a) im Anfangsteil grobe mit großer Amplitude, b) hochfrequente mit geringer Amplitude und c) intermittierend auftretende mit mittlerer Amplitude. Sie gehen anscheinend auf unterschiedliche Versetzungsmechanismen zurück. Als Fremdatome auf Zwischengitterplätzen wirken C, O und N (nach YOSHINAGA, TOMA, ABE, MOROZUMI)

7.1.2.1. *Mischkristallhärtung*

Zunächst seien Systeme besprochen, in denen die Fremdatome gelöst und ungeordnet verteilt vorliegen (Mischkristalle). Wir beschränken uns auf Hinweise bezüglich τ_0. Die kritische Schubspannung variiert mit der Fremdatomkonzentration c wie $\tau_0 = \alpha_1 c^m$ oder τ_0

$= \alpha_2[c(1-c)]^n$.[1]) Die Exponenten m und n sind gewöhnlich nur innerhalb begrenzter c-Intervalle konstant. So wird $m = \frac{1}{2}, \frac{2}{3}, \frac{3}{4}$, 1 oder 2, und $n = \frac{1}{2}$, 1 oder 2 gefunden (vgl. Abb. 7.10).

Die gelösten Punktfehler können wie folgt auf den Verformungsablauf einwirken: 1. Veränderung der elektronischen Struktur und der Gitterkonstanten. Dies bedeutet Änderung der mittleren elastischen Eigenschaften (z. B. G), der Stapelfehlerenergie γ_{SF}, des BURGERS-Vektors $\boldsymbol{b}$. 2. Veränderung der eingewachsenen Versetzungsdichte ϱ_0 als Folge von unter Pkt. 1 genannten Einflüssen. 3. Direkte Wechselwirkung zwischen Punktfehlern und Versetzungen über Mechanismen, wie sie in Abschn. 3.2.10 erläutert worden sind. Nach HAASEN (1968, 1970) unterscheiden wir zweckmäßigerweise Versetzungsreibung (Punktfehler wirken auf bewegte Versetzungen) und Versetzungsblockierung (Punktfehler sammeln sich an Versetzungen und blockieren deren weitere Bewegung).

Für die quantitative Beschreibung der Versetzungsreibung wollen wir zwischen nichtlokaler und lokaler Wechselwirkung differenzieren. In beiden Fällen seien die Hindernisse statistisch verteilt.

Die Wechselwirkung soll durch ein inneres Spannungsfeld $\tau_i = (f_0/bp)\, f\left(\frac{x_1}{p}, \frac{x_2}{q}\right)$ pauschal gegeben sein. f_0 enthält die meist schwache Kraftwirkung[2]) des Hindernisses auf eine gerade Versetzung ($f_0/k_L \ll 1$, k_L Linienspannung (3.24), f beschreibt die Ortsabhängigkeit mit x_1, x_2 als Gleitebenen-Koordinaten parallel und senkrecht zur Versetzungslinie, p und q sind für die Wechselwirkung charakteristische Längen. Gesucht ist

[1]) Einschließlich derjenigen Fälle, in denen c die Konzentration einer Komponente in einem q-Komponentensystem bedeutet.

[2]) Für die kombinierte Wechselwirkung (3.30a) und (3.30b) ist $f_0 \approx Gb^2\,|(\bar{\eta}/[1+|\bar{\eta}|/2]) - \alpha\delta|$ mit $\bar{\eta} \equiv (1/G)\,(\mathrm{d}G/\mathrm{d}c)$, $\alpha = 3$ bei Schrauben- und $\alpha = \pm 16$ bei Stufenversetzungen (vgl. HAASEN (1970)).

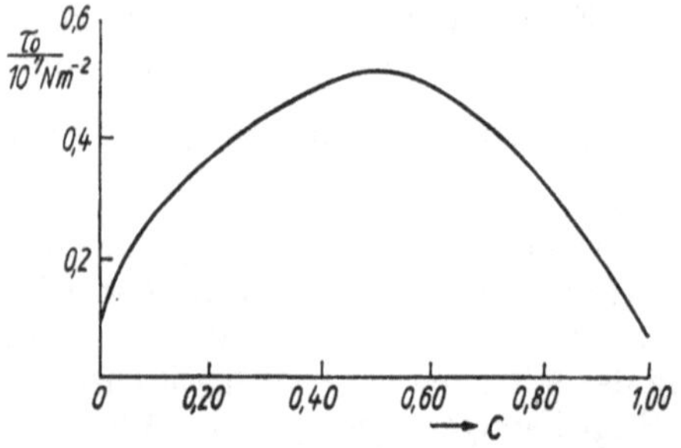

$\frac{\tau_0}{10^7 Nm^{-2}}$
0,6
0,4
0,2
0
0,20
0,40
0,60
0,80
1,00
→ C

a)

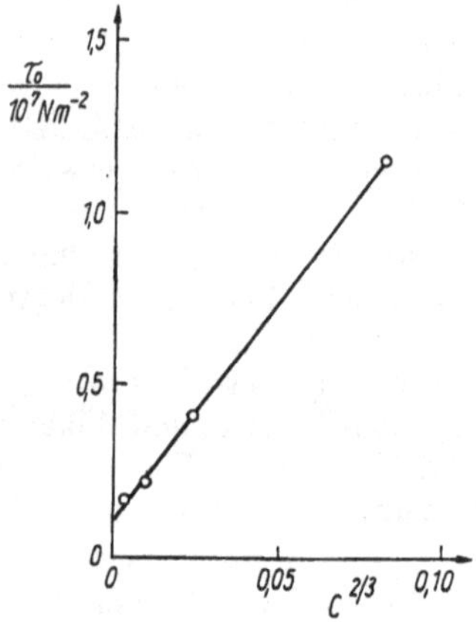

$\frac{\tau_0}{10^7 Nm^{-2}}$
1,5
1,0
0,5
0
0
0,05
$C^{2/3}$
0,10

b)

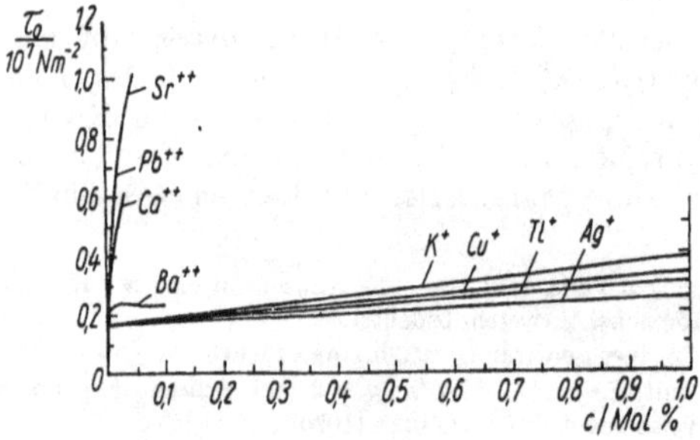

$\frac{\tau_0}{10^7 Nm^{-2}}$
1,2
1,0
0,8
0,6
0,4
0,2
0
Sr^{++}
Pb^{++}
Ca^{++}
Ba^{++}
K^+
Cu^+
Tl^+
Ag^+
0,1
0,2
0,3
0,4
0,5
0,6
0,7
0,8
0,9
1,0
c/Mol %

c)

die kleinste äußere Spannung τ_0, die eine Versetzungslinie über die gesamte Gleitebene verschieben kann.

Liegen die Hindernisse sehr dicht, kann sich die Versetzungslinie den Schwankungen von τ_i nicht vollständig anpassen schwache Wechselwirkung, vgl. Abb. 7.11a). τ_i schwankt

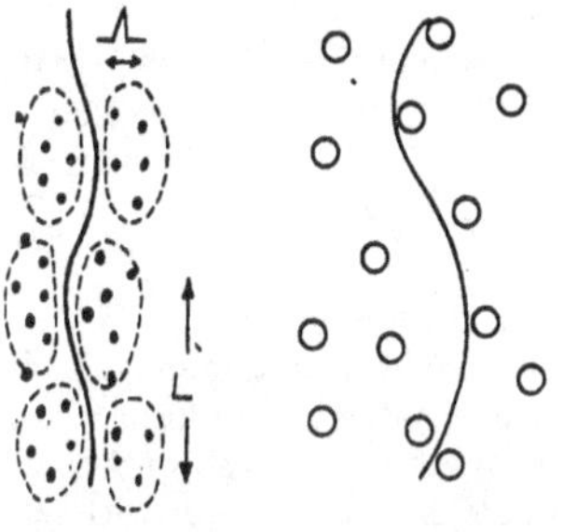

Abb. 7.11. Zur Versetzungsreibung a) $\Lambda/r_{\min} \ll 1$, b) $\Lambda/r_{\min} \approx 1$ (Λ Wellenlänge der inneren Spannungen, $r_{\min}$ minimaler Krümmungsradius der Versetzung). Die gestrichelt umrandeten Punktfehlergruppen in (a) wirken als effektive Hindernisse

mit einer Wellenlänge $\Lambda = \pi \sqrt{\langle\{\tau_i\}_L{}^2\rangle/\langle\{\partial\tau_i/\partial x_2\}_L{}^2\rangle}$, wobei $\{\tau_i\}_L$ der Mittelwert von τ_i über die Länge $L \gg \Lambda$ der Versetzung und $\langle\ \rangle$ der Erwartungswert[1]) ist. Die Spannung weist nach

[1]) $\langle\{\tau_i\}^2\rangle = \dfrac{h}{V} \sum_n \iint \mathrm{d}x_1\,\mathrm{d}x_2 \left\{\int\limits_{x_1}^{x_1+L} \tau_i\left(x_1', x_2, \left(n + \frac{1}{2}\right) h\right) \mathrm{d}x_1'\right\}^2.$

Abb. 7.10. Einfluß von Fremdatomen auf die kritische Schubspannung verschiedener Kristalle. a) τ_0(Au) in Abhängigkeit vom Silbergehalt c bei Raumtemperatur (nach SACHS, WEERTS); b) τ_0(Mg) in Abhängigkeit vom Kadmiumgehalt c bei OK (nach SCHARF, LUKAČ, BOČEK, HAASEN), c) τ_0(NaCl) in Abhängigkeit vom Gehalt des gelösten Chlorids für verschiedene ein- und zweiwertige Kationen (nach EDNER; METAG; SCHÖNFELD)

LABUSCH eine mittlere Amplitude $\tau_L = \sqrt{\langle\{\tau_i\}_L^2\rangle} = (Qf_0/b) \times\sqrt{c_A A/\pi L}$ auf. Q ist ein Faktor ≈ 1, $(c_A/d) = c_V = c/v_{at}$ sind Flächen-, Volumen- bzw. Atomkonzentration der Punktfehler, d Netzebenenabstand, v_{at} Atomvolumen. Die Schwankungen werden als effektive Hindernisse angesehen, denen sich die Versetzungslinie so anpaßt, daß $\tau_0 \approx \tau_L$. In diesem Falle muß $(1/2)\,(L/2)^2\,(\tau_L b/k_L) \approx A/2$ gelten (vgl. Abb. 7.12a). Elimination von L liefert als Reibungsspannung

$$\tau_0 = \frac{Q'}{b}\, f_0^{4/3} c_A^{2/3} A^{1/3} k_L^{-1/3} \tag{7.7}$$

mit Q' als Zahlenfaktor ≈ 1 (vgl. LABUSCH).

Die Situation der Abb. 7.11b ist insofern verändert, als sich die Versetzung jedem einzelnen Hindernis anpassen kann (lokale Wechselwirkung). Hier sind „berührte" von „nicht berührten" Fehlstellen zu unterscheiden. Der mittlere Abstand der berührten Hindernisse ist spannungsabhängig gemäß $l = \sqrt[3]{k_L/\tau b c_A}$ (vgl. J. FRIEDEL). Bei der Spannung $\tau = \tau_0 \approx f_0/bl$ beginnt sich die Versetzung loszureißen. Damit wird für kleine c_A

$$\tau_0 = \frac{f_0^{3/2}}{b}\, c_A^{1/2} k_L^{-1/2}. \tag{7.8}$$

Grundlage der Versetzungsblockierung sind ebenfalls Wechselwirkungen nach 3.2.10, nur daß in diesem Falle die Punktfehler genügend beweglich sind, um der Kraftwirkung nachzugeben und sich als sog. „COTTRELL-Wolke" bevorzugt in nächster Nähe der Versetzungslinie anzusiedeln. Damit wird ein wesentlicher Teil der Versetzungen zu Verformungsbeginn festgehalten.[1]) Erst eine hohe Spannung τ_{s0} vom Typ (7.7) vermag sie zu befreien, wobei die Berechnung von τ_{s0} explizit auf nunmehr inhomogene Defektverteilungen Rücksicht nehmen muß. Nach Überschreiten von τ_{s0} steigt die Dichte beweglicher Versetzungen ϱ_V stark an. Es kommt entsprechend den Überlegungen (6.32) zur Ausbildung einer Streckgrenze.

---

[1]) Unter Umständen können Punktfehler „mitgeschleppt" werden. Für den dadurch verursachten Sog vgl. SCHULTRICH; SCHULTRICH, SCHÖPF.

Beim PORTEVIN-LE CHATELIER-Effekt blockieren diffundierende Punktfehler eine Versetzung, die sich losgerissen hat und danach von anderen Hindernissen gebremst worden ist, erneut. Abwechselndes Blockieren und Losreißen im großen Maßstab äußert sich wie in Abb. 7.9 dargestellt.

7.1.2.2. *Ordnungseinfluß*

Nicht nur der mittlere Gehalt an Fremdatomen, sondern auch deren Verteilung ist für den Verlauf $\tau(a)$ maßgebend. Das gilt in besonderem Maße für ordnungsfähige Systeme der Zusammensetzung A_mB_n mit den Unterstrukturen α

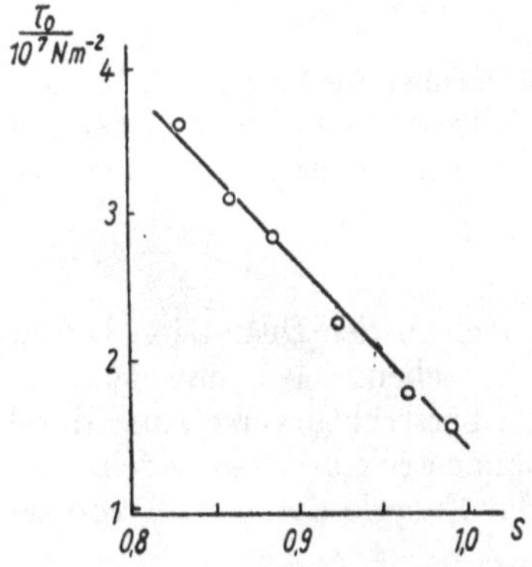

Abb. 7.12. Abhängigkeit der kritischen Schubspannung von Cu_3Au-Einkristallen vom Ordnungsgrad s bei 298 K (nach ARDLEY)

und β. Die Komponente B liegt hier i. allg. in vergleichbaren Mengenanteilen vor und wird daher nicht mehr als „Verunreinigung" angesehen. Abb. 7.1 enthält ein Beispiel für unterschiedliche Verfestigungskurven eines geordneten und eines ungeordneten Kristalls. Die kritische Schubspannung τ_0 nimmt unterhalb der Ordnungs-Temperatur T_0 mit abnehmendem Fernordnungsgrad zu (s. Abb. 7.12).

Der Grad der Fernordnung wird durch den Ordnungsparameter (BRAGG-WILLIAMS)

$$s = \nu_\alpha \frac{p_\alpha - x_A}{1 - x_A} + \nu_\beta \frac{p_\beta - x_B}{1 - x_B} \tag{7.9}$$

gemessen. Dabei ist p_α der Bruchteil der A-Atome auf der α-Unterstrukur und $x_A = m/(m + n)$ die Konzentration der A-Atome. p_β und x_B sind analog definiert (vgl. MUTO, TAKAGI; COWLEY). ν_α, $\nu_\beta = 1/2$ für ein Platzverhältnis von 1:1; $\nu_\alpha = 3/4$ und $\nu_\beta = 1/4$ für 3:1. Weiterhin macht es sich erforderlich, ein Maß der lokalen Teilchenkorrelation, der sog. Nahordnung, ohne Unterscheidung von Unterstrukturen zu haben. Als solches verwenden wir mit BETHE den Nahordnungsparameter:

$$\sigma_q = \frac{q - q_u}{q_m - q_u}. \tag{7.10}$$

q ist die Zahl der nächsten Nachbar-Bindungen AB; q_u bzw. q_m bedeuten die mittlere (ungeordneter Zustand) bzw. die maximale (geordneter Zustand) Anzahl von AB-Paaren zu einer gegebenen Atomlage.

Von den zahlreichen[1]) noch in der Diskussion befindlichen mikroskopischen Ursachen seien nur zwei erwähnt. Bewegt sich eine Überstrukturversetzung durch einen Kristall mit Domänenstruktur[2]), so wächst die Antiphasengrenzfläche. Die Energie dafür muß von der Schubspannung

$$\tau = \frac{\gamma_{AP}}{l_{AP}} \left(1 - \frac{\alpha d_{AP}}{l_{AP}}\right) \tag{7.11}$$

aufgebracht werden (γ_{AP} Energie, d_{AP} Dicke der Antiphasengrenzfläche, l_{AP} mittlerer Durchmesser der Domänen, α Domänenformfaktor ≈ 6). $\tau(l_{AP})$ durchläuft ein Maximum bei $l_{AP}^{\max} = 2\alpha d_{AP}$, was auch in einzelnen Fällen schon beobachtet wurde ($l_{AP}^{\max} \approx 5 \cdot 10^{-9}$ m).

---

[1]) Für Übersichten vgl. z. B. WESTBROOK; HAASEN (1970); STOLOFF, DAVIES.
[2]) Vgl. z. B. PAUFLER, LEUSCHNER 4.3.5.

Die Verschiebung einer Versetzung in einem Kristall mit Nahordnung erzeugt einen höheren Grad der Unordnung, der zu einem Zuwachs der Energie (der ungeordneten Grenzfläche) γ_{GF} Anlaß gibt. Es wird dazu die Spannung

$$\tau = \frac{\gamma_{GF}}{b} \tag{7.12}$$

benötigt.

7.1.2.3. *Einfluß fein verteilter zweiter Phase*

Eine Reihe von Mischkristallen kann ohne Änderung der Gesamtzusammensetzung eine wesentliche Zustandsänderung durch lokale Entmischung erfahren.[1] Dabei bilden sich fein verteilt über das System Bereiche zweiter Phase. Auffällige Festigkeitssteigerung ist meist die Folge[2] (vgl. Abb. 7.13), die von der Struktur der Grenzfläche abhängt. Wir wollen inkohärente und kohärente Beziehung der Strukturen von Matrix und zweiter Phase unterscheiden.

Im ersten Falle überwinden gleitende Versetzungen die Hindernisse durch einen Umgehungsmechanismus, für den nach Orowan die zusätzliche Schubspannung $\Delta\tau^{(U)} \approx 2k_L/lb$ (l Teilchenabstand) aufgebracht werden muß. Die Versetzung muß eine kritische Lage erreichen, die der von Abb. 3.8 verwandt ist.[3] Zwischen Teilchenradius r_T, Volumenanteil f der zweiten Phase und mittlerem Abstand l besteht der Zusammenhang $1/l = \sqrt{f/2} \times (1/r_T)$. Eine genauere statistische Auswertung führt zu (vgl. z. B. Gerold)

$$\Delta\tau^{(U)} = 0{,}84 \, \frac{Gb/\ln\,(1{,}57\, r_T/r_0)}{2\pi\sqrt{1-\nu}\,(l - 1{,}57 r_T)} \tag{7.13}$$

mit $r_0 \approx b$ (s. 3.2.8.).

[1] Vgl. z. B. Schulze (1974). Auch innere Oxydation gehört hierzu.

[2] Als Aushärtung oder Dispersionshärtung bezeichnet.

[3] Als Verankerungsstellen wirken hier Fremdphasen mit Durchmesser $d \approx 5 \cdot 10^{-9} \ldots 10^{-7}$ m. Der genaue Ablauf der Umgehung ist strukturabhängig und bezieht ggf. Quergleitung mit ein (s. Abb. 3.9).

Kohärente Einlagerungen können von den anlaufenden Versetzungen durchschnitten werden.[1]) Handelt es sich um sehr „harte“ Teilchen, setzt Umgehung wie im Falle inkohärenter Hindernisse ein. Kohärente Ausscheidungen liegen in der Regel feiner verteilt vor. Die

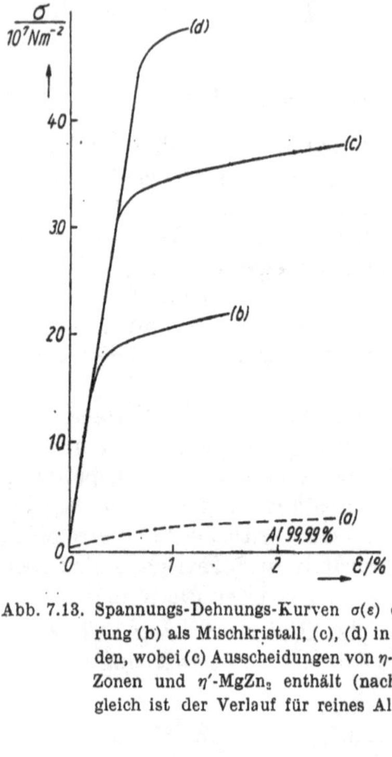

Abb. 7.13. Spannungs-Dehnungs-Kurven $\sigma(\varepsilon)$ einer Al-7,59 Zn-2,49 Mg-Legierung (b) als Mischkristall, (c), (d) in verschiedenen Alterungszuständen, wobei (c) Ausscheidungen von η-$MgZn_2$ und (d) Guinier-Preston-Zonen und η'-$MgZn_2$ enthält (nach ARCHER, MARTIN). Zum Vergleich ist der Verlauf für reines Al (a) angegeben (nach McLEAN)

Situation ist der von Abb. 7.11a analog. Entsprechend gelten auch die Überlegungen, die zu (7.7) führten. f_0 kann hier bestimmt sein durch a) das Spannungsfeld der

[1]) Inkohärente Grenzflächen verhindern das. Allerdings können in diesem Falle anlaufende Versetzungen die Bildung neuer im Innern der Fremdphase über eine Grenzflächenreaktion auslösen.

Einlagerung (Fehlpassungs-Spannung), b) die Grenzflächenenergie zwischen Teilchen und Matrix (Grenzfläche wächst beim Schneiden) oder c) die Fließspannung des eingelagerten Teilchens selbst (vgl. FINE).

7.1.3. Bestrahlungseinfluß

Teilchen- und Quantenstrahlung[1]) nimmt ebenfalls Einfluß auf $\tau(a)$. Abb. 7.14 enthält Beispiele. Während die kritische Schubspannung τ_0 z. T. stark ansteigt, wird oft Abnahme von ϑ_{I} und ϑ_{II} mit der Bestrahlungsdosis beobachtet. Die quantitativen Verhältnisse für τ_0 illustriert Abb. 7.15. τ_0 erweist sich bei Neutronenbestrahlung als abhängig von der Neutronendosis Φt und der Temperatur T in der Form $\tau_0 = f(\Phi t)\, g(T)$.[2]) Ursache der veränderten Eigenschaften sind Strahlenschäden hauptsächlich in Form von Punktfehlern und Punktfehleragglomeraten.[3])

Atomare Fehlstellen dominieren, elektronische spielen nur in Ionenkristallen eine Rolle.

Teilchenverlagerung wird durch Impuls- und Energieübertragung von energiereichen Geschossen möglich. (In Ionenkristallen kann darüber hinaus sog. Radiolyse als Ursache der Stoßverlagerung auftreten.[4]) Ein von Strahlung angeregtes Elektron-Loch-Paar gibt dabei seine Energie im strahlungslosen Übergang als kinetische Energie an die Gitterbausteine ab.) Ist die beim Stoß übertragene Energie $\mathcal{T}$ größer als die Schwellenenergie E_d ($\approx 10 \cdots 40$ eV für Kerne, vgl. Tab. 7.3, ≈ 5 eV für Elektronen), kann das gestoßene Teilchen seinen Platz in der Kristallstruktur verlassen. Aus diesem Grunde entstehen

---

[1]) Zum Beispiel e^+, e^-, p, d, α, Spaltatomkerne; n, γ, (neutrale) Spaltproduktatome.

[2]) Φ = Neutronenfluß = Neutronenzahl/(Fläche · Zeit) = Neutronenzahl · Geschwindigkeit/Volumen; t = Zeit. In der Regel sind schnelle Neutronen gemeint.

[3]) Einschließlich auf diese Weise gebildeter Versetzungsringe (vgl. Abb. 3.7A), wobei auch Zwischengitteratome kondensieren können.

[4]) Vgl. z. B. PEISL.

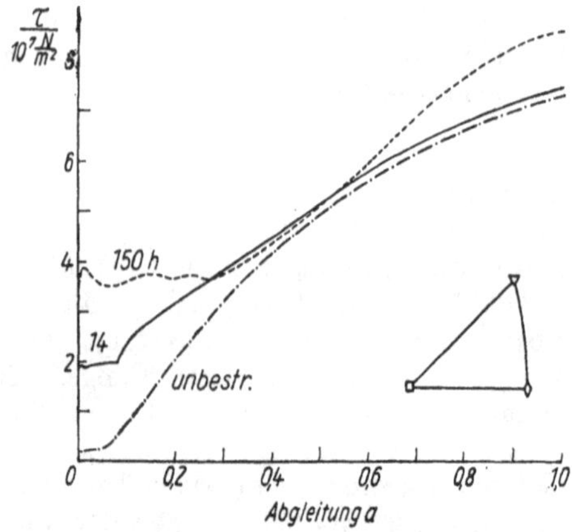

Abb. 7.14. a) Verfestigungskurven von neutronenbestrahlten Kupfer-Einkristallen nach verschiedener Bestrahlungszeit (1 h Bestrahlung ≙ 0,7 · 10^{17} n/cm², 293 K) (nach DIEHL 1965)

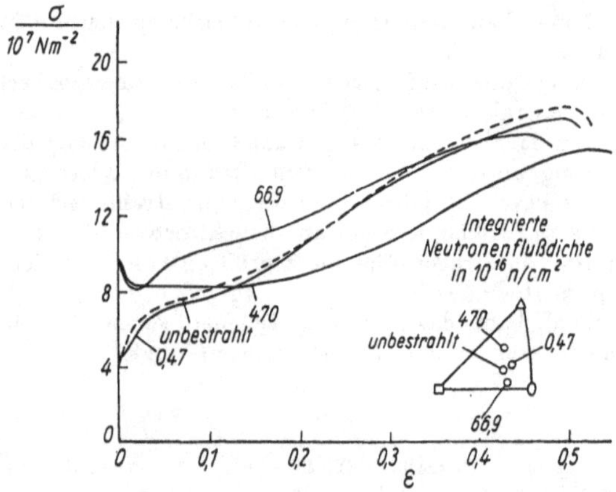

b) Verfestigungskurven von neutronenbestrahlten (entkohlten Eisen-Einkristallen für verschiedene Dosis (298 K, nach SEIDEL)

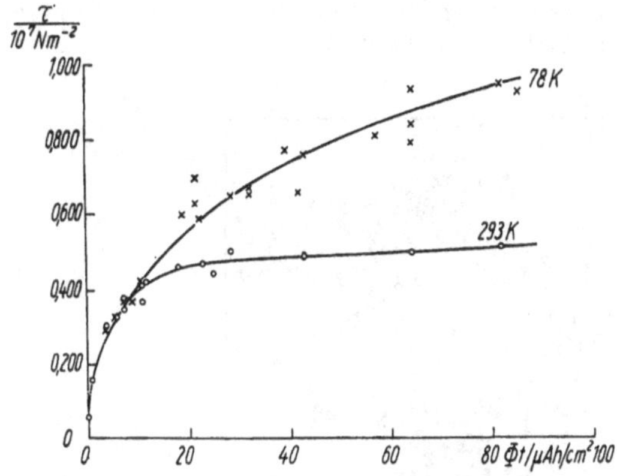

a)

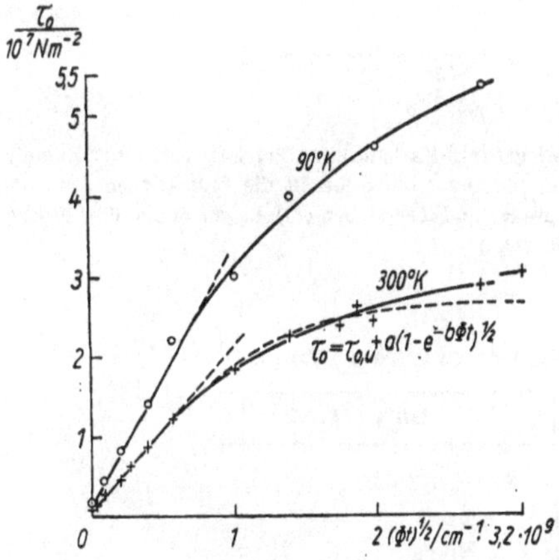

b)

Abb. 7.15. Dosisabhängigkeit der kritischen Schubspannung $\tau_0(\Phi t)$ von Kupfer-Einkristallen a) nach Elektronenbestrahlung bei 293 K und 78 K (Verformungstemperatur 78 K, nach MAKIN, BLEWITT) und b) nach Neutronenbestrahlung (Verformungstemperaturen 90 K und 300 K, nach DIEHL 1965)

Kaskaden von FRENKEL-Paaren[1]) (vgl. Abb. 7.16). Für Übersichten sei auf THOMPSON; VOOK; CRAWFORD, SLIFKIN; PALMER, THOMPSON, TOWNSEND verwiesen.

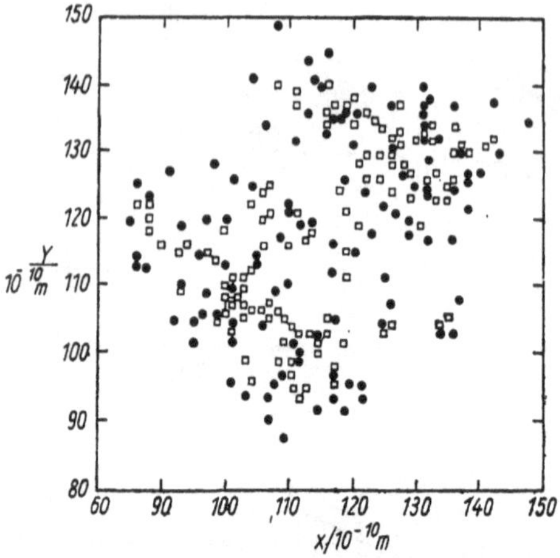

Abb. 7.16. Berechnete Verlagerungs-Kaskade eines Primärteilchens der Energie 5 keV in Eisen. Die Darstellung enthält die Projektionen der Zwischengitteratom-(●) und Leerstellen-(□) Lagen in die (001)-Ebene Y – X (nach BEELER)

Tabelle 7.3
Schwellenenergie E_d einiger Atomkerne (nach THOMPSON)

Kristall	E_d/eV	Kristall	E_d/eV
Al	32	Fe	24
Ag	28	Ni	24
Au	35	Mo	37
Cu	22	Ti	29

[1]) Die Konzentration der FRENKEL-Paare, die vom Teilchenfluß Φ (Teilchenenergie E_0) erzeugt wird, ist $c_F = \Phi \cdot \sigma_d \bar{\nu}$, σ_d Wirkungsquerschnitt für eingeschossene Teilchen, $\bar{\nu} = E_{max}/4E_d$, E_{max} vom Teilchen maximal an ein Atom der Masse M übertragene Energie $= 4E_0 mM/(m + M)^2$ für nichtrelativistische Teilchen ($0{,}01 \cdots 50$ MeV) und $\doteq 2\{(E_0 + 2m_e/c^2)/(Mc^2)\}\, E_0$ für Elektronen der Masse m_e, c Lichtgeschwindigkeit, $\sigma_d \approx (2 \cdots 4)\, 10^{-28}$ m^2 für Neutronen.

Untersuchung des Erholungsverhaltens (vgl. auch 7.2.4) der Fließspannung zeigt, daß als Verfestigungsursache einzelne Punktfehler nicht in Betracht kommen. Vielmehr behindern ausgedehnte Defektzonen die Versetzungsbewegung. Ein geometrisches Modell dafür hat SEEGER (1958a) vorgeschlagen (s. Abb. 7.17). Die Form und Ausdehnung derartiger Zonen wird von Kristallstruktur, Atommasse und E_0, E_d abhängen.

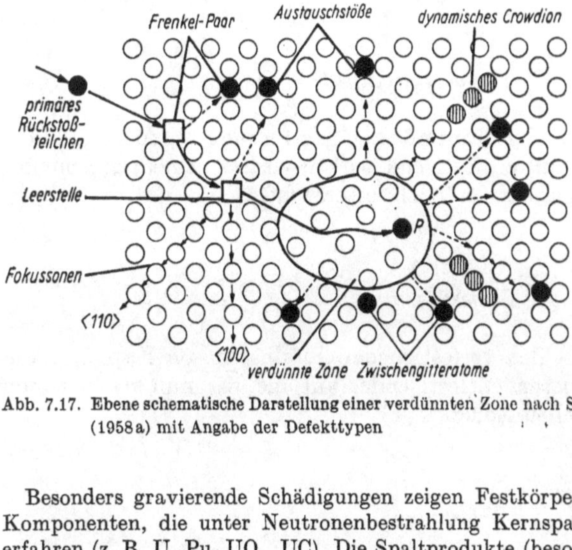

Abb. 7.17. Ebene schematische Darstellung einer verdünnten Zone nach SEEGER (1958a) mit Angabe der Defekttypen

Besonders gravierende Schädigungen zeigen Festkörper mit Komponenten, die unter Neutronenbestrahlung Kernspaltung erfahren (z. B. U, Pu, UO_2, UC). Die Spaltprodukte (besonders die gasförmigen Kr und Xe) beanspruchen mehr Platz im Kristall („Schwellen" des bestrahlten Festkörpers) als der Ausgangskern.[1]) Die meist entstehenden Poren verändern das Festigkeitsverhalten radikal.

Eine quantitative Behandlung der Abhängigkeit $\tau_0(c_A{}^Z)$ hat wieder von den Überlegungen in 7.1.2. auszugehen ($c_A{}^Z$ Zahl der SEEGERschen Zonen/Fläche). Für kleine

[1]) Vgl. z. B. LETEURTRE, QUÉRÉ.

Konzentrationen $c_A^Z \sim \Phi t$ wird analog (7.8) $\tau_0 \sim (c_A^Z)^{1/2}$ beobachtet. Bei höheren macht sich eine Sättigungstendenz bemerkbar (vgl. z. B. DIEHL (1965)), die Ausdruck dynamischer Wechselwirkung zwischen bestehenden und neu erzeugten Zonen ist. Für nicht zu große Strahlungsdosen ist $\tau_0 = \tau_{0,u} + a[1 - \exp(-b\Phi t)]^{1/2}$, wobei a, b temperaturabhängige Parameter sind und $\tau_{0,u}$ die kritische Schubspannung des unbestrahlten Materials angibt.

7.1.4. Temperatureinfluß

Da der Einfluß der Verformungstemperatur überwiegend entfestigend wirkt, wird er gemeinsam mit den Ausnahmen in 7.2.3. untersucht.

7.2. Entfestigung

Mit den verfestigenden Einflüssen von Kap. 7.1. konkurrieren entfestigende, auf die wir nun nacheinander eingehen wollen.

7.2.1. Verformung

Abb. 6.13 enthält das Beispiel eines Streckgrenzeneffektes mit Kurventeilen $d\sigma/d\varepsilon < 0$. Auf seine Ursache wurde bereits in 6.5. hingewiesen. Es steht stellvertretend für Versetzungsmangel am Verformungsbeginn, ausgelöst durch Mangel an eingewachsenen Versetzungen oder durch Blockierung vorhandener.

Fließspannungsabfall wird auch nach Vorverformung bei tiefen Temperaturen beobachtet (Abb. 7.18). Anscheinend wird die Versetzungsanordnung, die sich während der Tieftemperaturdeformation ausbildet, bei höheren Temperaturen instabil. Stark lokalisierte Gleitung (z. B. Abb. 6.6) und Bildung von Kanälen in der Versetzungsstruktur werden beobachtet[1]. Die quantitative Begründung steht noch aus.

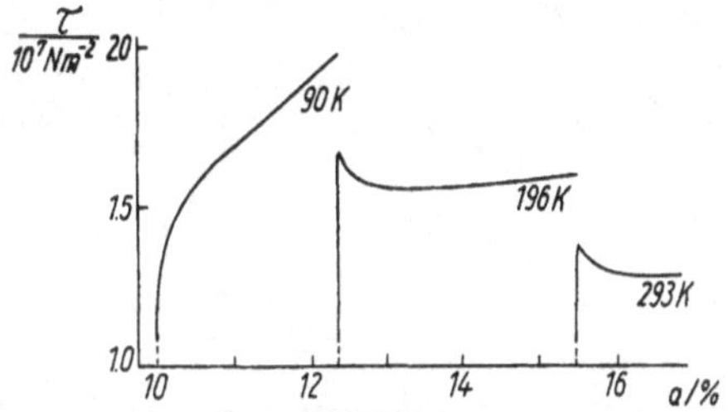

Abb. 7.18. Fließspannungsabfall $d\tau/da < 0$ eines Al-Kristalls (Verformungstemperatur 293 K), der bei 90 K und 196 K vorverformt wurde (nach COTTRELL, STOKES)

7.2.2. *Legierung*

Punktfehler können auch entfestigende Wirkung besitzen. Abb. 7.19 enthält zwei Beispiele. Abweichung von der stöchiometrischen Zusammensetzung der intermetallischen Verbindung löst den Effekt der Legierungsentfestigung auf indirektem Wege aus, indem die Anfangsversetzungsdichte erhöht und damit nach den Überlegungen von 6.5 das Spannungsniveau im Anfangsbereich der Verformungskurve herabgesetzt wird. Das Beispiel der Legierung Ta—Re repräsentiert eine Reihe von Beobachtungen, deren Ursachen mit Veränderungen der elektronischen Struktur verknüpft sein sollten, die aber einer befriedigenden Erklärung noch harren (vgl. auch STEPHENS, WITZKE; PINK).

---

[1]) Vgl. A. LUFT, J. RICHTER, K. SCHLAUBITZ, CH. LOOSE, CH. MÜHLHAUS, Mat. Sci. Eng. 20 (1975) 113.

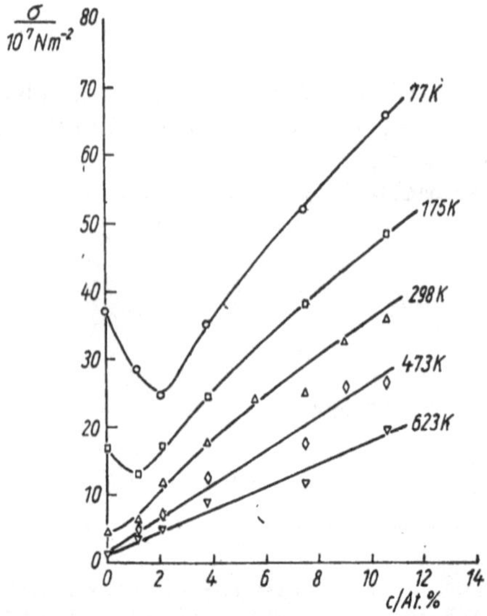

Abb. 7.19. **a) Fließspannung** σ von Ta-Re-Einkristallen in Abhängigkeit vom Rheniumgehalt c bei zwei Verformungstemperaturen (nach MITCHELL, RAFFO)

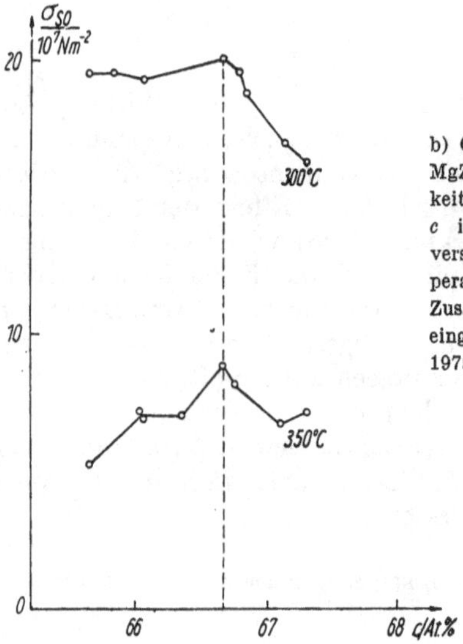

b) Obere Streckgrenze σ_{S_0} von $MgZn_2$-Einkristallen in Abhängigkeit von der Zink-Konzentration c im Homogenitätsbereich bei verschiedenen Verformungstemperaturen. Die stöchiometrische Zusammensetzung ist gestrichelt eingezeichnet (nach MÜLLER 1975a)

7.2.3. *Temperatur*

Änderung der Versuchstemperatur kann wesentlichen Einfluß auf die Form von $\tau(a)$ haben, wie das Beispiel der Kristalle vom W-Typ zeigt (Abb. 7.20).[1]) Sie kann aber auch, wie im Fall der Kristalle vom Cu-Typ, die 3-Bereiche-Gestalt unberührt lassen (s. Abb. 7.21). Im Regelfall wird $d\tau/dT \leqq 0$ beobachtet. Ausnahmen treten im Zusammenhang mit Phasenumwandlungen[2]) und in

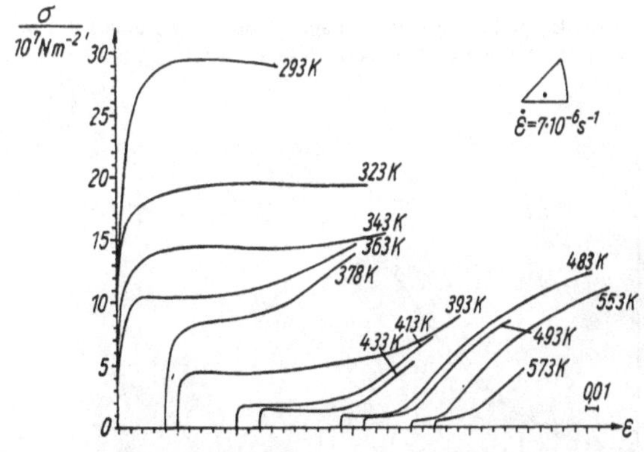

Abb. 7.20. Spannungs-Dehnungs-Kurven $\sigma(\varepsilon)$ von Molybdän-Einkristallen für verschiedene Verformungstemperaturen (nach Luft, Richter, Reitzenstein, Finke)

ordnungsfähigen Legierungen (vgl. 7.1.2.2.) auf (vgl. Abb. 7.22) (vgl. dazu Startsev, Iljičev, Pustovalov; Stoloff, Davies).

Der quantitative Zusammenhang kann oft durch $\tau(T) = C_1 - C_2T$, $\tau(T) = (C_3 - C_4T)^{3/2}$, $\tau(T) = \tau(0) \times [1 - (T/T_0)^{2/3}]^{3/2}$ und eine Reihe weiterer Beziehungen

[1]) Streckgrenzen (vgl. Abb. 6.13) erweisen sich ebenfalls als stark temperaturabhängig.

[2]) Dazu gehört z. B. auch der Übergang vom normalleitenden in den supraleitenden Zustand (vgl. z. B. Startsev, Iljičev, Pustovalov).

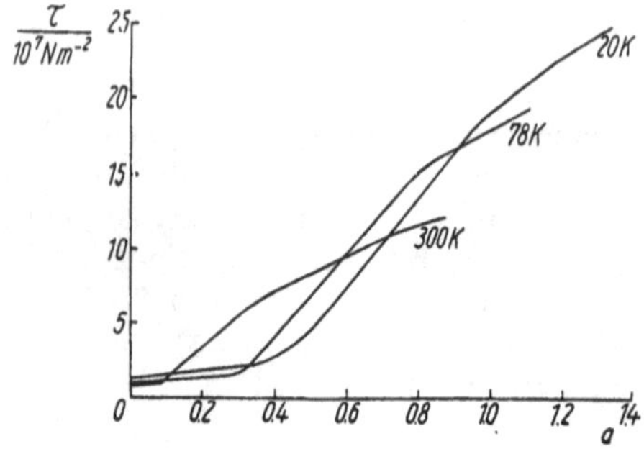

Abb. 7.21. Verfestigungskurven $\tau(a)$ hochreiner Nickel-Einkristalle bei 3 verschiedenen Temperaturen (nach HAASEN 1958)

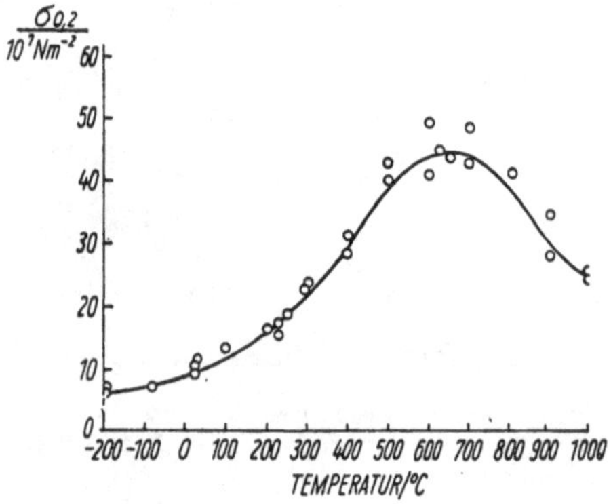

Abb. 7.22. Temperaturabhängigkeit der Fließspannung von Ni_3Al-Polykristallen (nach STOLOFF, DAVIES)

beschrieben werden, auf deren Gültigkeitsbereiche wir hier nicht eingehen können (C_i, $\tau(0)$, T_0 temperaturunabhängige Parameter) (vgl. z. B. SEEGER (1965)). Hingewiesen werden muß allerdings darauf, daß für die Mehrzahl der Festkörper die Gültigkeit einer bestimmten Beziehung auf ein Temperaturintervall $\Delta T < T_s$ beschränkt ist (T_s-Schmelztemperatur) (s. Abb. 7.23).

Bell (1968) findet für die Fließspannung einer Vielzahl von Polykristallen $\sigma = \sigma(0)\,[1 - (T/T_s)]$ mit $\sigma(0)$ als deformationsabhängigem Parameter (vgl. 7.1.1.1.). Beim Vergleich von Fließspannungen verschiedener Materialien kann daher der Temperatureinfluß im wesentlichen eliminiert werden durch Bezugnahme auf gleiche homologe Temperaturen T/T_s.

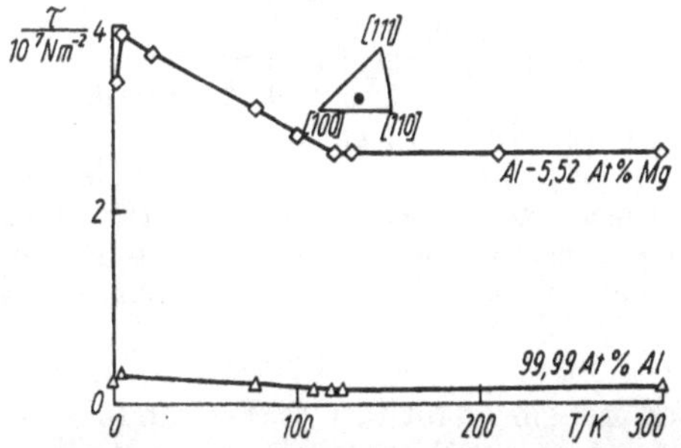

Abb. 7.23. Temperaturabhängigkeit der kritischen Schubspannung von Al und Al-Mg-Einkristallen. Die Stabachsenorientierung ist im Orientierungsdreieck angegeben. Es lassen sich deutlich drei Bereiche unterscheiden: $d\tau_0/dT > 0$ bei tiefsten Temperaturen und anschließend $d\tau_0/dT < 0$ bzw. $d\tau_0/dT \approx$ const (aus Startsev, Ilijčev, Pustovalov). Oberhalb ≈ 400 K erfolgt, wie Messungen anderer Autoren zeigen, ein weiterer Bereich mit $d\tau_0/dT < 0$.

Die physikalischen Ursachen der Temperaturabhängigkeit von Festigkeitseigenschaften haben ihre Wurzel in der temperaturabhängigen Wärmebewegung der Kristallbausteine. Es erscheint zweckmäßig, den Temperatureinfluß (a) auf isolierte Versetzungen zu trennen von dem (b) auf die Wechselwirkung von Versetzungen untereinander oder mit anderen Baufehlern. Wenn der Verlauf der Spannungs-Dehnungs-Kurve durch das Verhalten einzelner Versetzungen bestimmt ist (wie z. B. in Abb. 6.13), kommt die temperaturabhängige Versetzungsreibung (vgl. 3.2.11.) über $v(T)$ wie etwa in (6.32) direkt in $\tau(a)$ zum Ausdruck. Als eine interessante Variante temperaturabhängiger Versetzungsreibung sind die Verhältnisse im W-Typ anzusehen.

Bei tiefen Temperaturen ist keine Gleitebene bezüglich ihrer Reibungsspannung besonders ausgezeichnet. Damit liegen andere Bedingungen der Gleitgeometrie vor als etwa bei der 3-Bereiche-Kurve, (z. B. erklärt sich so das Verschwinden von Bereich I bei tiefen Temperaturen). Das im Verformungsablauf entstehende Versetzungsnetzwerk ist daher anders strukturiert, andere Wechselwirkungsprozesse dominieren.

Zur zweiten Gruppe (b) zählen solche Kristalle, bei denen thermisch aktivierbare Hindernisse durch andere Baufehler gebildet werden und deren Überwindung die Fließspannung beherrscht. Dazu gehört z. B. das Schneiden von Waldversetzungen (vgl. Fußn. 1, S. 55), von Teilchen zweiter Phase (vgl. 7.1.2.3.) und SEEGERschen Zonen (vgl. 7.1.3.) oder die Hindernisumgehung durch Klettern (vgl. 3.2.3b).

Auch die Änderung der Dichte und Verteilung von Baufehlern infolge Wärmeschwingungen der Kristallbausteine (Erholung und Rekristallisation) gehört hierher. Wir werden diese Phänomene ihrer allgemeinen Bedeutung wegen in 7.2.4. getrennt behandeln.

Als grundlegend für ein quantitatives Verständnis der Temperaturabhängigkeit der Festigkeitseigenschaften erweist sich die thermische Aktivierung. Das bisher gezeichnete Bild statischer Wechselwirkung zwischen Versetzungen und diversen Hindernissen ist dazu insofern zu erweitern, als die Kristallbausteine gekoppelte Schwingungen ausführen. Die Energien der Schwingungszustände sind gequantelt (Phononen). Durch Streuung der zugehörigen Wellen an Baufehlern kann Energie und Impuls übertragen werden. Soll eine Versetzung durch Wechselwirkung mit Phononen das Hindernis überwinden können, müssen sich die Ionen in Phase bewegen. Das wird durch langwellige Phononen besser als durch kurzwellige gewährleistet.

Der Streuvorgang ist im einzelnen sehr verwickelt. Mit einer Reihe vereinfachender Annahmen, deren Berechtigung noch umstritten ist, gelangt man ohne Bezugnahme auf Einzelheiten der Wechselwirkung zu praktikablen Ausdrücken, die sich besser bewährt haben, als zunächst zu erwarten ist. Während der Überwindung des Hindernisses soll sich die Versetzung im thermodynamischen Gleichgewicht mit der Umgebung befinden. Sie bewege sich unter dem Einfluß der äußeren Schubspannung τ auf das Hindernis zu und sei der (ortsabhängigen) Hindernisspannung τ_i ausgesetzt. Abb. 7.24 enthält die Kraft/Länge als Funktion der von der Versetzungslinie überstrichenen Fläche A. Ohne Energieaufnahme aus dem

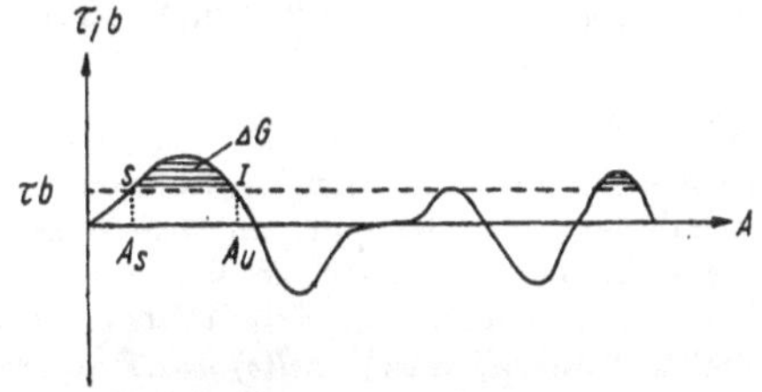

Abb. 7.24. Abhängigkeit des Widerstandes gegen Gleiten $\tau_i b$ von der überstrichenen Fläche A in der Gleitebene. Die schraffierten Bereiche sind ein Maß für ΔG. Die Hindernisse mit den größten ΔG-Werten bestimmen die Temperaturabhängigkeit nach (7.15)

Schwingungsspektrum käme die Versetzung in der (stabilen) Lage S zum Stillstand. Thermische Schwankungen können ihr die Energie ΔG übertragen, daß die (instabile) Lage I erreicht wird, von wo aus τb weitere Bewegung ermöglicht. Es ist

$$\Delta G = \int_{A_S}^{A_u} \tau_i b \, \mathrm{d}A - b\tau(A_u - A_S) \qquad (7.14)$$

die freie Enthalpie der thermischen Aktivierung des Hindernisses. Die Häufigkeit von Energieschwankungen der Größe ΔG wird der BOLTZMANNschen Theorie entnommen ($= \exp(-\Delta G/k_B T)$), wächst demnach stark mit zunehmender Temperatur T (k_B BOLTZMANN-Konstante). Die Abgleitgeschwindigkeit ist dieser Energieschwankungswahrscheinlichkeit proportional,

$$\dot{a}(T) = \dot{a}_0 \, e^{-\frac{\Delta G}{k_B T}}, \qquad (7.15)$$

wenn nur Prozesse in „Vorwärts"richtung berücksichtigt werden. $\dot{a}_0$ enthält neben ϱ_V und b (vgl. (6.21)) einen Faktor $\nu_G \leqq 10^{11}\ \mathrm{s}^{-1}$, der ein grobes Maß für die Schwingungsfrequenz der Versetzungslinie ist. Das Hindernis wird durch die spannungsabhängige freie Enthalpie der Aktivierung (7.14) und die ebenfalls spannungsabhängige Aktivierungsfläche $\Delta A = A_u - A_S$ gekennzeichnet. Räumlich sehr ausgedehnte Hindernisse können mit Hilfe thermischer Schwankungen nicht überwunden, d. h. nicht thermisch aktiviert werden.

Berücksichtigt man den Satz aus der Reaktionskinetik, wonach von hintereinandergeschalteten Prozessen der langsamste geschwindigkeitsbestimmend ist, läßt sich auch ein Wechsel der Temperaturabhängigkeit von τ beschreiben. Falls nach (7.14) die Spannungsabhängigkeit von ΔG durch $\Delta G(\tau) = \Delta F - b\tau \times \Delta A$ gegeben ist, wird mit (7.15) $\tau(T) = (\Delta F - k_B T \ln[\dot{a}_0/\dot{a}])/b\Delta A$ die Schubspannung linear temperaturabhängig. Ist $\tau(T) < \tau_1$ oberhalb $T = T_1$, bestimmt oberhalb T_1 die (möglicherweise temperaturunabhängige) Schubspannung τ_1 das Niveau der Fließspannung. Nichtlineare Funktionen $\Delta G(\tau)$ haben entsprechend nichtlineare Verläufe $\tau(T)$ zur Folge. Für eine eingehende Diskussion sei auf Kocks, Argon, Ashby verwiesen.

Die Situation der Abb. 7.24 trifft für ein Stück einer Versetzungslinie zu. Ein aktuelles Problem der Mechanik fester Körper besteht darin, eine korrekte Mittelung über das Schicksal aller Versetzungslinien vorzunehmen.

7.2.4. Erholung und Rekristallisation

Jede Erniedrigung der Dichte und Änderung der Verteilung der Baufehler unter Einfluß von Wärmeschwingungen, Korngrenzen ausgenommen, heißt Erholung. Ein Prozeß, der die Orientierungsänderung von Kristallbereichen durch Großwinkelkorngrenzen-Verschiebung beinhaltet, wird Rekristallisation genannt.

Nach den Ausführungen der voranstehenden Kapitel 7.1 und 3.1 bis 3.3 wird es nicht überraschen, daß die Festigkeitseigenschaften durch diese beiden thermisch aktivierten Prozesse empfindlich geändert werden können.[1]) Rekristallisation ist dabei für verformte Polykristalle (vgl. 8) von besonderem Belang. Wir gehen zunächst auf Erholungsvorgänge ein.[2]) Unter dem Einfluß thermischer Aktivierung geht der Fließspannungszuwachs $\sigma - \sigma(0)$ nach Verformung zurück, wobei Geschwindigkeit und Grad der Erholung mit wachsender Temperatur zunehmen (vgl. Abb. 7.25). Bei nicht zu starker Vorverformung und/oder Anwendung einer kleinen Spannung während der Erholung läßt sich die ursprüngliche Fließspannung z. T. vollständig zurückgewinnen. Der erholte Bruchteil R des Fließspannungszuwachses (vgl. Abb. 7.25) nimmt proportional $\ln \theta \equiv \ln(t/t_0) - Q/k_B T$ zu (t Erholungsdauer, T Erholungstemperatur, Q Aktivierungsenergie der Erholung, t_0 Zeitkonstante, k_B Boltzmann-Konstante). Die zeitliche Änderung der Fließspannung folgt der Differentialgleichung $\mathrm{d}\sigma/\mathrm{d}t = -\mathrm{const}/t$.

Zwei Typen mikroskopischer Prozesse, die während der Erholung ablaufen, seien ihrer Bedeutung wegen hervorgehoben. Der erste heißt Polygonisation und tritt besonders dann auf, wenn die vorangegangene Verformung ein Gleitsystem ausgezeichnet hat und Stufenversetzungen eines Vorzeichens im Überschuß vorliegen (Biegung). Polygonisation besteht darin, daß sich Versetzungen gleichen Vorzeichens so in Wänden

---

[1]) Die dem Festkörper während der plastischen Verformung zugeführte mechanische Energie wird zum größten Teil in Wärme umgewandelt. Der Rest verbleibt als gespeicherte Energie im deformierten Körper, erhöht dadurch dessen innere Energie, so daß der verformte Zustand instabil wird und unter bestimmten Bedingungen durch Erholung oder Rekristallisation in den Ausgangszustand zurückkehrt. Die gespeicherte Energie beträgt bei Metallen für nicht zu kleine Verformungsgrade größenordnungsmäßig 10% der aufgewandten Verformungsarbeit (vgl. z. B. Bever, Holt, Titchener).

[2]) Wir beschränken uns auf die für die Fließspannung maßgebenden Vorgänge. Steht z. B. die Erholung des elektrischen Widerstandes im Mittelpunkt der Betrachtung, sind Ausheilvorgänge von Punktfehlern zu berücksichtigen (für eine Übersicht vgl. Balarin).

(Kleinwinkelkorngrenzen, vgl. 3.2.5., 3.2.9., 3.3.2.–3.3.4.) anordnen, daß die elastische Energie des Kristalls vermindert wird (Abb. 7.26). Die dabei notwendigen Kletterprozesse be-

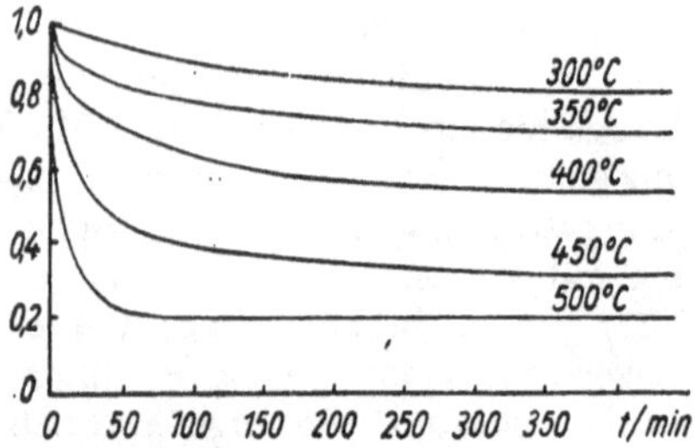

Abb. 7.25. Erholung der Fließspannung von Eisenproben, die um gleiche Beträge ε vorverformt worden sind. $R = [\sigma(\varepsilon, 0) - \sigma(\varepsilon, t)]/[\sigma(\varepsilon, 0) - \sigma(0, 0)$; $\sigma(\varepsilon, 0)$ Fließspannung nach Verformung und vor Erholung, $\sigma(\varepsilon, t)$ nach Verformung und Erholungsdauer t, $\sigma(0, 0)$ vor Verformung. Ordinate R (nach LESLIE, MICHALAK, AUL)

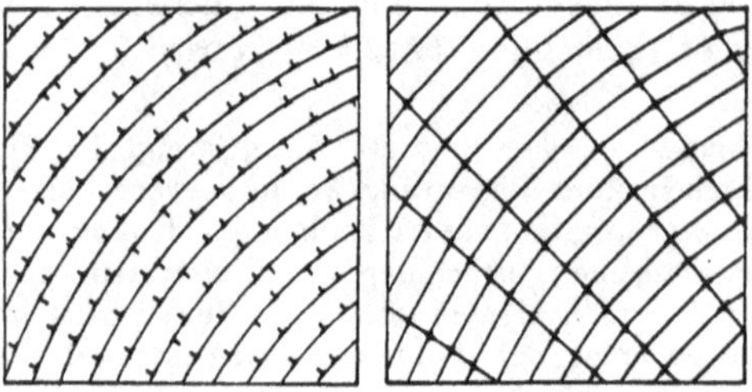

a) b)

Abb. 7.26. Schematische Darstellung der Versetzungsanordnung in einem gebogenen Kristall (a) vor und (b) nach Polygonisation (nach OROWAN und CAHN)

stimmen die Polygonisationsgeschwindigkeit. Der Kristall wird so in Subkörner geteilt.

In 7.1.1.2. war auf eine dreidimensionale Zellstruktur hingewiesen worden, die als Folge der Verformung mehr oder weniger stark ausgeprägt vorliegt.

Ein zweiter die Erholung kennzeichnender Prozeß besteht

darin, daß die Zellwände scharf ausgebildet und im Zellinneren Versetzungen abgereichert werden. Die Zellwände sind in diesem Zustand leicht beweglich. Wachstum der Zellen führt zu Erniedrigung der Fließspannung $\sigma \sim d^{-1/2}$ (d Durchmesser der Subkörner).

Polygonisation und Zellbildung sind an das Versetzungsklettern gebunden. An Kristallen mit niedriger Stapelfehlerenergie (vgl. Tab. 3.5) (Versetzungen wegen breiter Stapelfehler nicht kletterfähig) wie Messing, Kupfer oder Nickel wird in Übereinstimmung damit nur geringe Erholung beobachtet.

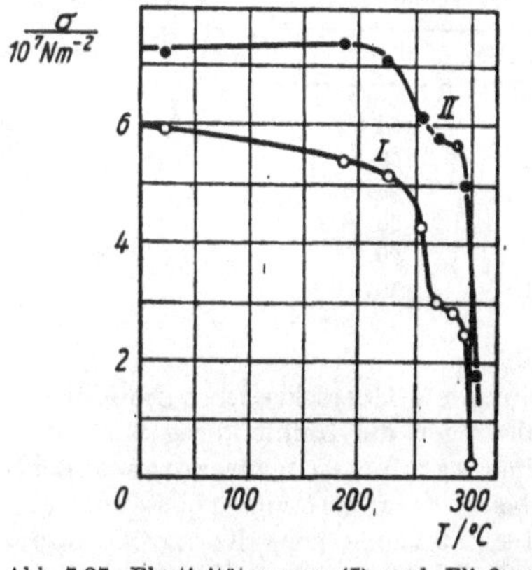

Abb. 7.27. Elastizitätsgrenze (I) und Fließspannung bei 1% Dehnung (II) von kaltverformtem Al (99,99%) in Abhängigkeit von der Anlaßtemperatur T. Bei 300 °C sind die Proben vollständig rekristallisiert, bei 265 °C liegt noch keine Rekristallisation vor. Der Abfall bis dahin geht auf Polygonisation zurück (nach GUINIER, TENNEVIN)

Die Rekristallisation ist im Gegensatz zur Erholung mit Erneuerung des gesamten Kristallgefüges verbunden.[1]) Jeder Baustein des Festkörpers wird in den Umkristallisierungsvorgang einbezogen. Die Folgen einer Verformung können auf diese Weise vollständig beseitigt werden. Festigkeitseigenschaften ändern sich entscheidend (vgl. Abb. 7.27).

[1]) Sie wird auch in verformten Einkristallen beoachtet, leitet ihre Bedeutung aber vom Polykristall ab.

Die weitaus umfangreichsten Erfahrungen liegen zur sog. primären Rekristallisation vor, die zweckmäßig als Aufeinanderfolge zweier Teilprozesse analysiert wird: der Keimbildung spannungsfreier Kristallite und deren Wachstum. Einzelheiten der Keimbildung sind noch nicht befriedigend geklärt. Keime bilden sich durch thermische Aktivierung bevorzugt an besonders stark verformten Stellen des Kristalls. Temperaturerhöhung über einen Schwellwert (vgl. Tab. 7.4) hinaus, erhöhte

Tabelle 7.4
Rekristallisationstemperaturen T_R einiger Elemente (nach SCHULZE 1967)

Element	T_R/°C	Element	T_R/°C
W	1200	Al	150
Ta	1000	Mg	150
Mo	900	Sn	30
Pt	450	Zn	20
Fe	400	Pb	20
Ag	200	Cd	10
Cu	200		

Dauer der Wärmebehandlung und Überschreiten eines Mindestverformungsgrades beschleunigen die Keimbildung nach einer Inkubationszeit. Die Keime wachsen zu makroskopisch sichtbarer Größe heran, bis das verformte Gefüge vollständig aufgebraucht ist. Die dabei entstehende neue Korngröße ergibt sich aus der Bilanz von Keimbildungs- und Kornwachstumsgeschwindigkeit. So ist es z. B. zu verstehen, daß Proben mit kleinem Vorverformungsgrad (d. h. kleiner Keimbildungswahrscheinlichkeit) nach Abschluß der primären Rekristallisation im allgemeinen ein gröberes Korn aufweisen als die mit hohem.

Die empirische Beziehung zwischen mittlerer Korngröße nach Rekristallisation, Vorverformungsgrad und Temperatur wird meist in dreidimensionalen Diagrammen der Form von Abb. 7.28 dargestellt. Die Verschiebungsgeschwindigkeiten der Großwinkelkorngrenzen haben sich als stark abhängig von Punktfehlern oder Ausscheidungen und vom Orientierungsunterschied zwischen neuem Korn und Matrix herausgestellt. In Aluminium

z. B. wird die maximale Wachstumsgeschwindigkeit (Meßwerte für verschiedene Legierungsgehalte s. Abb. 3.26) bei einem Orientierungsunterschied von $\approx 38°$ beobachtet, für die aus rein geometrischen Gründen (Koinzidenzgitter, vgl. 3.3.5. und PAUFLER, LEUSCHNER, Abb. 4.13) die Korngrenzenenergie deutlich erniedrigt wird. Eine ausführliche Darstellung von Erholung und Rekristallisation ist von CAHN (1970) gegeben worden.

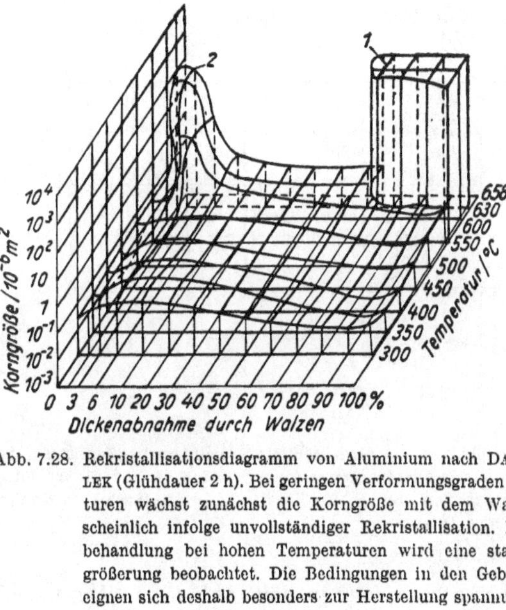

Abb. 7.28. Rekristallisationsdiagramm von Aluminium nach DAHL und PAWLEK (Glühdauer 2 h). Bei geringen Verformungsgraden und Temperaturen wächst zunächst die Korngröße mit dem Walzgrad, wahrscheinlich infolge unvollständiger Rekristallisation. Nach Wärmebehandlung bei hohen Temperaturen wird eine starke Kornvergrößerung beobachtet. Die Bedingungen in den Gebieten 1 und 2 eignen sich deshalb besonders zur Herstellung spannungsfreier Einkristalle. Im Gebiet 1 spricht man von sekundärer Rekristallisation.

7.3. *Kriechen*

In den Kapiteln 7.1 und 7.2 war vorausgesetzt worden, daß die Spannung σ eine zeitunabhängige Dehnung $\varepsilon = \varepsilon^e + \varepsilon^p$ hervorruft (vgl. (5.2)). Das ist nur bei hohen

Verformungsgeschwindigkeiten eine gute Näherung. Die Erfahrung lehrt, daß auch ein unter konstanter Spannung stehender Festkörper zeitlich veränderliche Gestaltsänderungen erfahren kann, d. h., es ist

$$\varepsilon(t) = \varepsilon^e + \varepsilon^p + \varepsilon^K(t) = \varepsilon_0 + \varepsilon^K(t). \qquad (7.16)$$

Zur momentanen plastischen Längenänderung ε^p tritt eine zeitabhängige Kriechdehnung ε^K hinzu, die anelastischen oder plastischen Charakter haben kann. Die $\varepsilon^K(t)$ zugrundeliegende Erscheinung heißt Kriechen.[1])

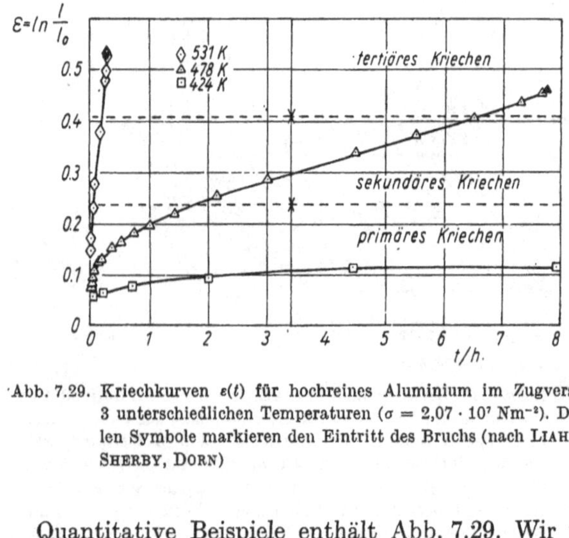

Abb. 7.29. Kriechkurven $\varepsilon(t)$ für hochreines Aluminium im Zugversuch bei 3 unterschiedlichen Temperaturen ($\sigma = 2{,}07 \cdot 10^7\ \mathrm{Nm^{-2}}$). Die dunklen Symbole markieren den Eintritt des Bruchs (nach LIAH HUANG, SHERBY, DORN)

Quantitative Beispiele enthält Abb. 7.29. Wir unterscheiden drei Bereiche (vgl. Abb. 7.29): 1. Übergangs- oder primäres Kriechen, während dem die Kriechgeschwindigkeit abnimmt und sich stabile Versetzungsstrukturen entwickeln. Diese Strukturen sind stark spannungs- und schwach temperaturabhängig. 2. Stationäres oder sekundäres Kriechen. Konstante Kriechgeschwindigkeit $\dot{\varepsilon}$

[1]) Ausführliche Darstellungen gehen auf GAROFALO; KENNEDY zurück.

und praktisch unveränderte Versetzungsstruktur (wiederum spannungsab- und temperaturunabhängig) kennzeichnen diesen Bereich. 3. Beschleunigtes oder tertiäres Kriechen, bei dem $\dot{\varepsilon}$ wächst, die Probe sich einschnürt und Mikroporen gebildet werden. Kriechen in diesem Bereich endet mit Bruch.

Je nachdem, ob während eines Experimentes (σ und T konstant) nur der Bereich 1 oder auch die beiden übrigen durchlaufen werden, spricht man von logarithmischem

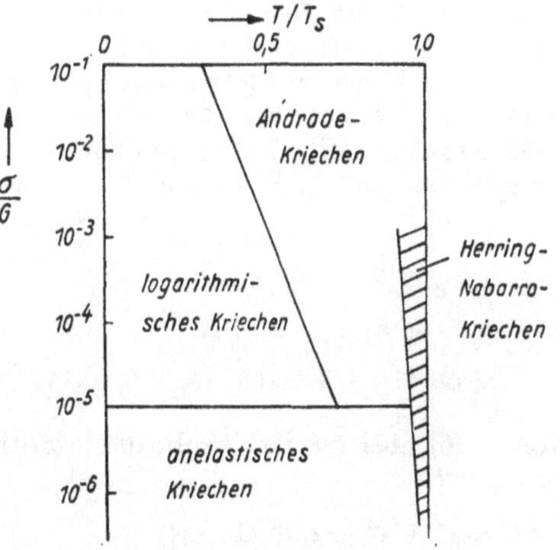

Abb. 7.30. Auftreten der Haupttypen des Kriechens unter verschiedenen Bedingungen von Spannung σ und Temperatur T. Durch Bezug auf Schubmodul G und Schmelztemperatur T_s gilt das Diagramm für einen breiten Substanzbereich (nach WEERTMAN, WEERTMAN)

(bzw. Tieftemperatur-) oder ANDRADE- (bzw. Hochtemperatur-) Kriechen. Die Grenzen zwischen beiden Formen sind in Abb. 7.30 angegeben. Sie unterscheiden sich dadurch, daß unter Bedingungen des ANDRADE-Kriechens Kletterbewegungen von Versetzungen auftreten, beim logarithmischen Kriechen nur Gleitbewegungen, (vgl. 3.2.3.). Überdies enthält Abb. 7.30 den Bereich des anelastischen Kriechens (vgl. 4.1) unterhalb der Anelastizitätsgrenze sowie einen durchsichtigen Sonderfall stationären Kriechens, das HERRING-NABARRO-Kriechen, von dem noch die Rede sein wird.

Zur Deutung des Verlaufes $\varepsilon(t)$ machen wir von Ergebnissen vorangegangener Kapitel Gebrauch. Für das logarithmische Kriechen wesentlich ist das Gleiten von Versetzungen unter konstanter äußerer Schubspannung und die damit verbundene Verfestigung (vgl. 7.1.). Gleiten wird durch thermische Aktivierung möglich (vgl. 7.2.3.). Nach (7.14) ist $\Delta G = \Delta F - b\Delta A(\tau - \tau_G)$, wenn weitreichende (thermisch nicht aktivierbare) Spannungsfelder zu berücksichtigen sind (etwa vom Typ (7.1)). Über $\tau_G = \tau_G(0) + \vartheta a^K$ lassen wir die (lineare) Verfestigung in ΔG eingehen. Mit (7.15) wird damit unter Berücksichtigung von $\tau = \mu\sigma$ (vgl. Fußn. 1, S. 27 u. 28) und $\dot{a} \sim \dot{\varepsilon}$

$$\begin{aligned} \dot{\varepsilon}^K &= \dot{\varepsilon}_0{}^K \, \mathrm{e}^{-\frac{\Delta G}{k_B T}} \\ &= \dot{\varepsilon}_0{}^K \, \mathrm{e}^{-(\Delta F + b\Delta A[\mu\sigma_G(0)])/k_B T} \\ &\quad \times \mathrm{e}^{b\Delta A(\mu\sigma - \vartheta\varepsilon^K/\mu)/k_B T}. \end{aligned} \tag{7.16}$$

Integration von (7.16) über die Zeit ergibt die logarithmische Zeitabhängigkeit

$$\varepsilon(t) = \varepsilon^e + \varepsilon^p + \varepsilon_1 \ln(1 + \nu t) \tag{7.17}$$

mit $\varepsilon_1 \equiv \mu k_B T/\vartheta b\Delta A, \nu \approx (\dot{\varepsilon}_0{}^K \vartheta b\Delta A/\mu k_B T) \exp(-\Delta F/k_B T)$, $\sigma \approx \sigma_G(0)$ und $\varepsilon(0) = \varepsilon^e + \varepsilon^p$. Die Temperaturabhängigkeit von ε ist übereinstimmend mit der Erfahrung durch $\varepsilon \approx \varepsilon(t\, \mathrm{e}^{-\Delta F/k_B T})$ gegeben (vgl. z. B. LACOMBE).

Die bereits erwähnten Kletterprozesse beim Hochtemperaturkriechen sorgen für die Auflösung von Versetzungsaufstauungen. Der stationäre Teil der Hochtemperaturkriechkurve $\dot{\varepsilon} = \varkappa = \text{const}$ beschreibt wegen $\dot{\varepsilon} \sim \dot{a}$ und (6.21) Vorgänge mit konstanter Versetzungsstromdichte, d. h., angesichts $\tau \approx \text{const}$ und $v(\tau) \approx \text{const}$ solcher konstanter Versetzungsdichte ϱ_V. Durch Klettervorgänge werden im Bereich stationären Kriechens ebensoviel Versetzungen vernichtet, wie von den Quellen erzeugt werden.

Bestimmend für die Geschwindigkeit v_K des Kletterns ist die der Diffusion, die ihrerseits vom Leerstellenkonzentrationsgradienten abhängt (vgl. Abb. 7.31).

Im stationären Zustand muß die Leerstellenkonzentration um $c_L - c_L^0 \approx c_L^0(1 \pm \sigma b^3 L/hk_BT)$ vom Gleichgewichtswert abweichen[1]) (vgl. auch Ableitung von (7.19)). Dann beträgt $v_K \approx (b^2/N_V)\, D' c_L^0 \sigma b^3 L/hk_BT$ [2]), wenn N_V gleichnamige Stufenversetzungen klettern und $D'c_L^0 = D$ der Diffusionskoeffizient

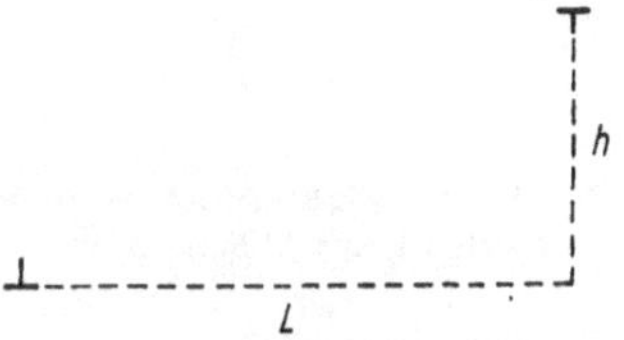

Abb. 7.31. Zum stationären Kriechen. Eine Versetzung bewege sich von der Quelle um L parallel zur Gleitebene und um h senkrecht dazu, bevor sie vernichtet wird.

der Leerstellen ist.[3]) Die mittlere Versetzungsgeschwindigkeit v parallel zur Gleitebene ist damit festgelegt. Wenn die mittlere Versetzungsdichte konstant bleiben soll, muß $v = v_K L/h$ gelten. Mit Hilfe von (7.1) läßt sich in (6.21) die Spannungsabhängigkeit der Versetzungsdichte explizit formulieren, so daß für die stationäre Kriechgeschwindigkeit

$$\dot{\varepsilon} = \frac{w^2 b^4 D L^2 b^4 \sigma^3}{G^2 h^2 N_V k_B T} \tag{7.18}$$

übrig bleibt.

---

[1]) Versetzungen, die beim Klettern Leerstellen produzieren, müssen sich mit anderen, die Leerstellen absorbieren, die Waage halten.

[2]) Jede Stufenversetzung erzeugt oder vernichtet beim Klettern $\approx h/b^2$ Leerstellen pro Längeneinheit der Versetzungslinie.

[3]) Wie die atomistische Behandlung der Diffusion zeigt (vgl. z. B. SCHULZE 1974), bedeutet D' den Diffusionskoeffizienten ohne Leerstellen und D den Diffusionskoeffizienten der Leerstellendiffusion.

In Abb. 7.30 ist eine interessante Sonderform des Kriechens enthalten, das HERRING-NABARRO-Kriechen. Es wird in Festkörpern geringer Korngröße ($\approx 10^{-4} \cdots 10^{-5}\,\mu$m) und bei hohen Temperaturen beobachtet. Das

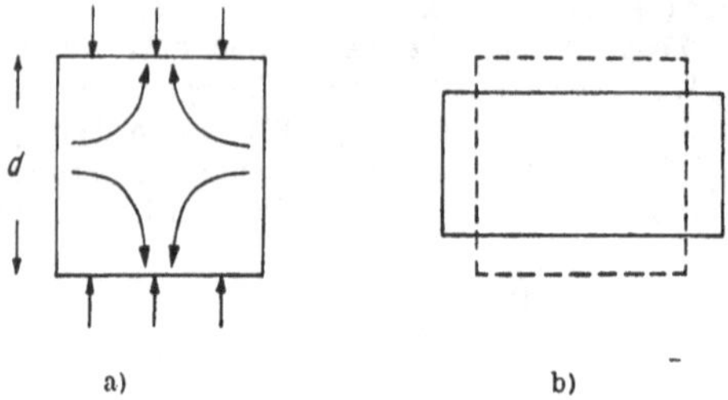

Abb. 7.32. Schematische Darstellung des HERRING-NABARRO-Kriechens bei einachsiger Kompression. (a) Leerstellenströme, b) Formänderung

Bemerkenswerte an diesem Phänomen ist, daß plastische Formänderung ohne notwendige Versetzungsbewegung vor sich geht. Eine schematische Darstellung des Prinzips enthält Abb. 7.32.

Ober- und Unterseite des Kristalls stehen z. B. unter Einfluß einer Druckspannung. Die Energie der Leerstellenbildung ist dort erhöht auf den Wert $\Delta H_{BL}(\sigma) = \Delta H_{BL}(0) + \sigma b^3$, wo b^3 das Volumen einer Leerstelle beschreibt. An den Seiten liegen Zugspannungskomponenten vor, die Leerstellenbildung begünstigen: $\Delta H_{BL}(\sigma) = \Delta H_{BL}(0) - \sigma b^3$; ($\Delta H_{BL}(0)$ Aktivierungsenthalpie der Leerstellenbildung ohne äußere Spannung). An den Mantelflächen des Kristalls entsteht bei kleinen Spannungen ein Leerstellenüberschuß $c_L - c_L{}^0 \approx c_L{}^0 \sigma b^3/k_B T$, an Ober- und Unterseiten ein entsprechendes Defizit. Bei einem mittleren Diffusionsweg von $\approx d/2$ (für jeden der 4 durch Pfeile markierten Pfade) ist der Teilchenstrom gegeben durch $\dot{N} \approx 4(d^2/8) \cdot D' \cdot (2[c_L - c_L{}^0]) \cdot (2/d)$. Wie vorher ist $D' c_L{}^0 = D$ (vgl. Fußnote 3, Seite 89). Die

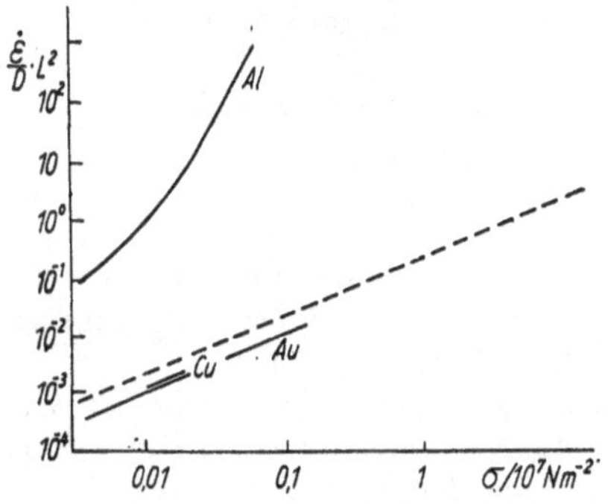

Abb. 7.33. HERRING-NABARRO-Kriechen von Cu und Au. Die Meßwerte von Al weichen vom erwarteten theoretischen Verlauf (gestrichelt) ab ($T \approx 1000$ K, $b \approx 2{,}5 \cdot 10^{-10}$ m; nach SHERBY, BURKE)

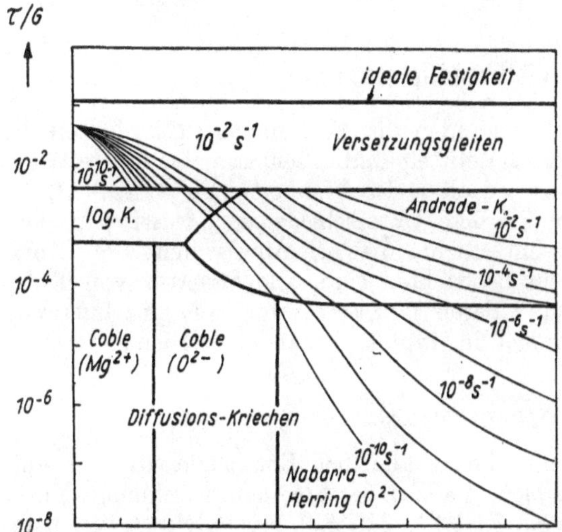

Abb. 7.34. Diagramm der geschwindigkeitsbestimmenden Mechanismen bei Kriechverformung von MgO mit einer Korngröße von 10^{-5} m. Die stark ausgezogenen Linien begrenzen Zustandsfehler in der Schubspannung-Temperatur-Ebene (G Schubmodul, T_s Schmelztemperatur), innerhalb deren der angegebene Mechanismus dominiert. Die dünnen Linien sind Kurven konstanter stationärer Kriechgeschwindigkeit $\dot{\varepsilon}$. Für COBLE-Kriechen (vgl. Fußnote 2, Seite 92) (nach Messungen von STOCKER, ASHBY entnommen aus LANGDON, MOHAMED)

Kriechgeschwindigkeit ist dann wegen $\dot{\varepsilon} = \dot{N}/d^3$

$$\dot{\varepsilon} \approx \frac{2\sigma b^3 D}{d^2 k_B T}.\text{[1]} \tag{7.19}$$

Herring-Nabarro-Kriechen unterscheidet sich von den übrigen Kriechphänomenen durch lineare Spannungsabhängigkeit (vgl. Abb. 7.33).[2]

Die mikroskopischen Vorgänge bei der plastischen Verformung hängen empfindlich von äußeren Parametern wie Temperatur, Spannung, Korngröße (vgl. Teil 8) usw. ab. In einer Reihe von Fällen hat man jeweils einen Prozeß als geschwindigkeitsbestimmend erkennen können. Die Ergebnisse werden in Diagrammform dargestellt, z. B. mit der Korngröße als Parameter wie in Abb. 7.34.

8. Vielkristallplastizität

In Teil 7 standen die Verformungseigenschaften des Einkristalls im Mittelpunkt. Technisch eingesetzte Werkstoffe sind jedoch meist Viel- oder Polykristalle.[3] Im folgenden werden Unterschiede der plastischen Verformung untersucht, die bei Anwesenheit von Korngrenzen zu beobachten sind. Die Struktur von Korngrenzen und deren Wechselwirkung mit einzelnen Versetzungen sind in Kap. 3.3 behandelt worden.

8.1. Spannungs-Dehnungs-Kurven

Während Einkristalle bei Einfachgleitung im allg. den 3-Bereiche-Verlauf der Spannungs-Dehnungs-Kurve zeigen (vgl. 7.1.1.1.), hat $\sigma(\varepsilon)$ bei Polykristallen para-

---

[1]) Die in (7.19) enthaltene Näherung bezieht sich auf den Faktor 2, der, wie aus der Herleitung hervorgeht, von der Kornform abhängt.

[2]) Erfolgt der spannungsinduzierte Leerstellenfluß entlang Korngrenzen, spricht man von Coble-Kriechen. Dann ist $\dot{\varepsilon} \approx 50 v_{at} \cdot \sigma w D_{KG}/d^3 \pi k_B T$, wo v_{at} Atomvolumen, w Dicke der Korngrenze, D_{KG} Diffusionskoeffizient für Korngrenzen (vgl. Coble) bedeuten.

[3]) Wir betrachten beide Bezeichnungen als Synonyme.

bolische Gestalt (vgl. Abb. 8.1.). Nach Bell (1968) gilt für einen weiten Substanz- und Parameterbereich[1]) die empirisch gewonnene Beziehung

$$\sigma(\varepsilon) = \left(\frac{2}{3}\right)^{r/2} G(0)\, B_0 \left(1 - \frac{T}{T_s}\right) \sqrt{(\varepsilon - \varepsilon_b)} \qquad (8.1)$$

($G(0)$ Schubmodul bei $T = 0$, vgl. Tab. 8.1; $B_0 = 0{,}0280$; T_s Schmelztemperatur, vgl. Tab. 8.1; ε_b Nullstelle der

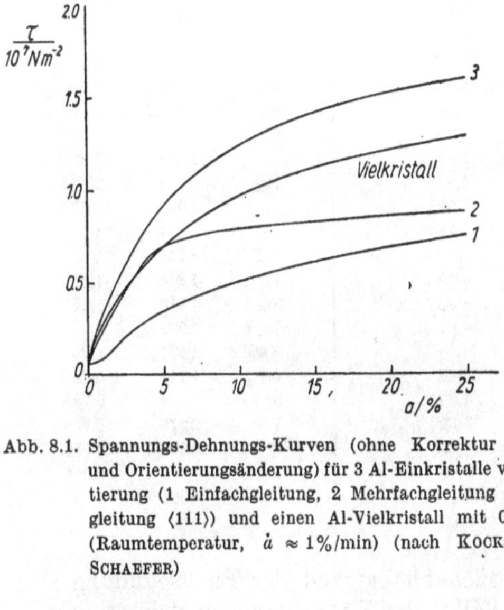

Abb. 8.1. Spannungs-Dehnungs-Kurven (ohne Korrektur der Querschnitts- und Orientierungsänderung) für 3 Al-Einkristalle verschiedener Orientierung (1 Einfachgleitung, 2 Mehrfachgleitung ⟨100⟩, 3 Mehrfachgleitung ⟨111⟩) und einen Al-Vielkristall mit 0,2 mm Korngröße. (Raumtemperatur, $\dot{a} \approx 1\%/\text{min}$) (nach Kocks, Chen, Rigney, Schaefer)

Parabel). Nur $r = 1, 2, 3, \ldots$ ist ein vorgeschichtsabhängiger Parameter, der auch noch anderen Einflüssen unterliegt, insbesondere von ε selbst abhängen kann.

---

[1]) Bell hat die Gültigkeit für 19 Elemente und 5 binäre Systeme im Temperaturbereich von 4 K bis 20 Grad unter dem Schmelzpunkt, für Dehnungsgeschwindigkeiten $\dot{\varepsilon} = 10^{-9}\,\text{s}^{-1}$ bis $10^4\,\text{s}^{-1}$ und für verschiedene Reinheitsgrade geprüft. Außerdem ist sie auf alle Korngrößen einschl. Einkristalle anwendbar. Der Parameter r nahm in den von Bell untersuchten Fällen maximal den Wert 10 an.

Tabelle 8.1
Schubmoduln $G(0)$ und Schmelztemperaturen T_s einiger Festkörper nach BELL (1968) (geordnet nach Werten von $G(0)$)

Kristall	T_s/K	$G(0)$/10^{10} Nm^{-2}	Kristall	T_s/K	$G(0)$/10^{10} Nm^{-2}
Os	3273	23,83	Au	1336	3,03
Ir	2728	22,65	Er	1798	3,12
Re	3443	20,99	Tb	600	2,96
Ru	2773	19,12	Th	2023	2,90
Be	1550	15,69	Ho	1461	2,79
W	3683	15,40	Y	1763	2,78
Mo	2893	15,10	Dy	1653	2,72
Fe	1809	8,53	Cd	593,9	2,50
Ni	1726	8,43	Sn	504,9	2,46
U	1405	8,28	Gd	1585	2,40
Co	1768	7,75	Sb	1653	2,16
Ge	1231	6,93	Mg	923	2,01
Ta	3260	6,90	La	1099	1,67
Pt	2042	5,75	Bi	544	1,57
V	2133	5,22	Nd	1113	1,52
Pd	1825	5,10	Pr	1213	1,50
Cu	1356	4,98	Sm	1573	1,36
α-CuZn	1188	4,61	Ce	1077	1,35
(70% Cu)			NaCl	1074	1,33
Zn	692,5	4,48	Ca	1111	0,785
Ti	1943	4,33	Sr	1041	0,785
Nb	2743	3,82	Yb	2073	0,739
Zr	2125	3,60	Pb	600,4	0,735
Hf	2523	3,53	Tl	576	0,363
Ag	1233,8	3,11	Cs	301,7	0,333
Al	933	3,05			

Die Korngrößenabhängigkeit der Fließspannung folgt in sehr vielen Fällen der HALL-PETCH-Beziehung

$$\sigma = \sigma_\infty + k_y d^{-n} \qquad (8.2)$$

mit σ_∞ als Reibungsspannung für $d \to \infty$ (Einkristall), k_y als materialabhängigem Parameter und $n = 1/3 \cdots 1$. Meist wird $n = 1/2$ beobachtet (vgl. Abb. 8.2).[1]

[1] (8.2) ist anscheinend verallgemeinerungsfähig. σ bezeichnet einen beliebigen Festigkeitsparameter von der Dimension einer Spannung und d ggf. die mittlere Subkorngröße (vgl. z. B. ABSON, JONAS).

Mikroskopisch unterscheidet sich die Vielkristallverformung von der des Einkristalls durch a) Orientierungsunterschiede der einzelnen Kristallite bezüglich der äußeren Spannung, b) mehrachsige (i. allg. dreiachsige) Spannungszustände innerhalb der Kristallite infolge der Randbedingungen an den Korngrenzen

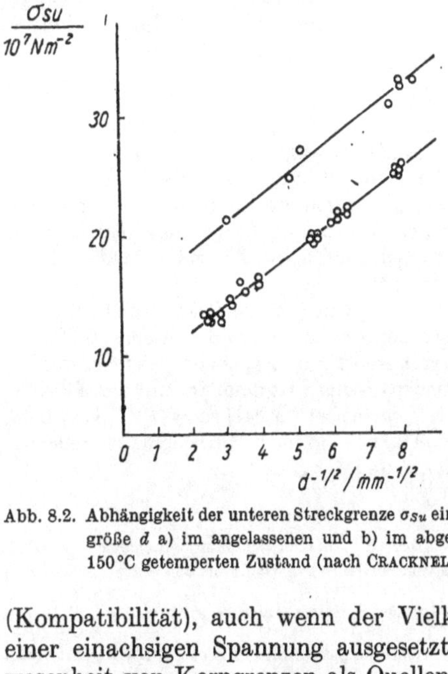

Abb. 8.2. Abhängigkeit der unteren Streckgrenze σ_{Su} eines Stahls von der Korngröße d a) im angelassenen und b) im abgeschreckten und 1 h bei 150 °C getemperten Zustand (nach CRACKNELL, PETCH)

(Kompatibilität), auch wenn der Vielkristall insgesamt einer einachsigen Spannung ausgesetzt ist, und c) Anwesenheit von Korngrenzen als Quellen und Senken von Versetzungen und Punktfehlern.

Wegen a) und b) wird Vielfachgleitung beobachtet, besonders in Korngrenzennähe.

Abb. 8.1 läßt daher auch starke Ähnlichkeiten zwischen Einkristallen, die für Mehrfachgleitung orientiert sind, und Vielkristallen erkennen. Bereich I der Verfestigungskurve (Einfachgleitung!) tritt hier nicht auf (vgl. auch parabolische Form von Bereich III nach 7.1.1.1.).

Die Forderung, daß 5 unabhängige Gleitsysteme gleichzeitig betätigt werden müssen (v. MISES-Kriterium, vgl. 6.2.1.) und daher in allen fünf die kritische Schubspannung überschritten sein sollte, bedeutet für Kristalle des Cu-Typs z. B. eine Fließspannung $\sigma_0 = (1/\mu)\,\tau_0 = (1/\mu)\,(\tau_\infty + k_y' d^{-n})$ mit $(1/\mu) = 3{,}06$)[1]. Günstig orientierte Einkristalle können dagegen einen reziproken Orientierungsfaktor von $1/\mu = 2$ erreichen. Vielkristalle erscheinen schon deswegen fester.

Eine mikroskopische Begründung von (8.2) wird von verschiedenen Modellen geliefert (vgl. z. B. HIRTH 1972). Aufstauungen von n_v Versetzungen unter der äußeren Schubspannung an einer Korngrenze[2]) rufen die maximale Schubspannung $\tau_m = n_v \tau$ am Kopf der Aufstauung hervor, die die Länge L haben möge. Es zeigt sich, daß $n_v \sim L^{1/2}$ und außerdem $L \sim d$ ist (d Korndurchmesser).[3])

Auch Exponenten $n \neq 1/2$ in (8.2) sind zu verstehen. Angenommen, der Korngrenzenbereich 1 kann durch eine Fließspannung τ_1 und das Korninnere 2 durch τ_2 gekennzeichnet werden. Die resultierende Fließspannung τ ist dann das mit den Flächenanteilen von 1 und 2 gewichtete Mittel $\tau = (\tau_1 A_1 + \tau_2 A_2)/d^2 = \tau_2 + (\tau_1 - \tau_2)\,(A_1/d^2)$, was je nach Korngeometrie eine Abhängigkeit zwischen d^{-1} und d^{-2} gibt.[4])

---

[1]) Nach TAYLOR ist die Arbeit der äußeren Spannung $\sigma\, d\varepsilon$ gleich der Arbeit der kritischen Schubspannung in den n Gleitsystemen jedes Kornes: $\sigma\, d\varepsilon = \sum_{i=1}^{n} \tau_0\, da_i$. Wenn τ_0 in allen Systemen gleich ist, wird $\sigma/\tau_0 = \left(\sum_{i=1}^{n} da_i\right)/d\varepsilon = 1/\mu$. Für regellose Orientierung der Körner findet TAYLOR als Mittelwert $(1/\mu) = 3{,}06$.

[2]) Für den elektronenmikroskopischen Nachweis vgl. z. B. ESSMANN, RAPP, WILKENS. Mit dem Bereich II bei Einkristallen bestehen Ähnlichkeiten der Versetzungsstruktur im Korninneren.

[3]) Zum gleichen Resultat gelangt man durch Kombination von (7.1) mit (6.21), wobei $da = \varrho_V b \delta L_V \approx \varrho_V b d$ zu setzen wäre.

[4]) Ein quadratischer Ring mit Wandstärke d_1 besitzt den Querschnitt (des Korngrenzenbereichs) $A_1 = 4(d d_1 - d_1^2)$. d_1 kann mit der Dehnung ε wachsen. Für $d_1 = d/2$ wird τ unabhängig von der Korngröße d. Der Übergang von $\tau \sim d^{-1}$ zu $\tau \sim$ const bei einem kritischen d-Wert ähnelt einer Relation $\tau \sim d^{-1/2}$. d Kantenlänge des Ringes (HIRTH 1972; KOCKS 1969).

Neben dem erwähnten kristallographisch bestimmten Gleiten wird auch Korngrenzengleiten beobachtet, dessen Beitrag quantitativ aber erst bei hohen Temperaturen, kleinen Verformungsgeschwindigkeiten und geringen Korngrößen ins Gewicht fällt (vgl. BELL, LANGDON).

8.2. *Verformungstextur*

Zwischen den Idealfällen der regellosen Orientierungsverteilung der Körner und dem Einkristall sind alle Übergänge möglich. Der Vielkristall besitzt dann eine Textur. Sie kann schon im unverformten Festkörper vorhanden sein (Guß-, Rekristallisationstextur) oder aber im Verlaufe der Verformung entstehen. Je nachdem, ob die Kornorientierungen eine Richtung oder eine Ebene auszeichnen, spricht man von Fasertextur oder Blech- (bzw. Walz-)textur. Tab. 8.2 enthält Beispiele.

Wir wenden uns den Verformungstexturen zu. Grundlage der Texturbildung ist hier die in 6.2.2. dargestellte Orientierungsänderung jedes Kristallits beim Gleiten. Im Zugversuch strebt die resultierende Gleitrichtung der

Tabelle 8.2
Beispiele für Texturen

Strukturtyp	Entstehung	Textur[1])
Cu	Drahtziehen	⟨111⟩ ‖ Drahtachse
	Drahtziehen	⟨100⟩ ‖ Drahtachse
W	Drahtziehen	⟨110⟩ ‖ Drahtachse
Mg	Drahtziehen	$\langle 10\bar{1}0\rangle$ ‖ Drahtachse
Cu	Walzen	{110} ‖ WE, ⟨112⟩ ‖ WR
W	Walzen	{001} ‖ WE, ⟨110⟩ ‖ WR
	Walzen	{111} ‖ WE, $\langle 11\bar{2}\rangle$ ‖ WR
Mg	Walzen	{0001} ‖ WE, $\langle 11\bar{2}0\rangle$ ‖ WR

[1]) In der Texturforschung ist es üblich, die Vorzugsorientierung durch sog. ideale Lagen zu beschreiben. Alle vorhandenen davon abweichenden Orientierungen werden als Streuung angesehen. Die quantitative Erfassung aller Orientierungen erfolgt durch Verteilungsfunktionen bzw. Polfiguren (vgl. BUNGE 1969). WR Walzrichtung, WE Walzebene

Zugspannungsrichtung zu. Abb. 8.3. zeigt die Orientierungsänderungen beim Ziehen eines Kristalls vom Cu-Typ, wenn gleichzeitig 3 Gleitsysteme wirksam werden. Die Endlagen ⟨111⟩ und ⟨100⟩ sind stabil in Übereinstimmung mit dem experimentellen Befund.

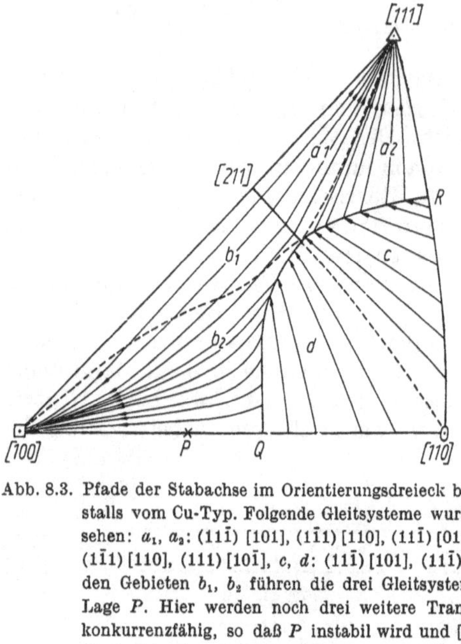

Abb. 8.3. Pfade der Stabachse im Orientierungsdreieck beim Ziehen eines Kristalls vom Cu-Typ. Folgende Gleitsysteme wurden als betätigt angesehen: a_1, a_2: $(11\bar{1})$ [101], $(1\bar{1}1)$ [110], $(11\bar{1})$ [011], b_1, b_2: $(11\bar{1})$ [101], $(1\bar{1}1)$ [110], (111) $[10\bar{1}]$, c, d: $(11\bar{1})$ [101], $(11\bar{1})$ [011], (111) $[10\bar{1}]$. In den Gebieten b_1, b_2 führen die drei Gleitsysteme zunächst auf eine Lage P. Hier werden noch drei weitere Translationsmöglichkeiten konkurrenzfähig, so daß P instabil wird und [100] als Endlage fungiert. Orientierungen c und d gelangen an die Grenze QR und von da nach [100] oder [111]. (nach Boas, Schmid)

Walztexturen verdanken in der Regel ihre Entstehung einem komplexeren Geschehen, das sich in den Grundzügen bereits nach Arbeiten von Taylor beschreiben läßt. Unter den denkbaren Kombinationen von 5 Gleitsystemen (384 Kombinationen bei {111} ⟨1$\bar{1}$0⟩-Gleitung im Cu-Typ) wird diejenige aktiv, für die die makroskopische Formänderung $d\varepsilon$ durch minimale Summe der Abgleitungen $\sum_{i=1}^{5} |da_i|$ realisiert werden kann (Prinzip der minimalen Arbeit nach TAYLOR). Da sich infolge der Orientierungsänderung dieser Wert ändern kann, muß $1/\mu$ nach jedem Deformationsinkrement $d\varepsilon$ neu berechnet werden. Auf diesem Wege sind inzwischen gute Ergebnisse erzielt worden (vgl. z. B. GREWEN; BUNGE 1971). Nach den Ausführungen von 3.2 überrascht es nicht, daß Kristalle gleicher Struktur, aber unterschiedlicher Stapelfehlerenergie verschiedene Texturen bilden können.

Vom Standpunkt der Kontinuumsmechanik wird die lokale Gleitung durch Eigenspannungen $\boldsymbol{\sigma}(\boldsymbol{r})$ behindert, die sich im Verlaufe der Gleitprozesse ausbilden. Auf diese Weise werden Gleitvorgänge möglichst homogen über die Probe verteilt. Nach KRÖNER (1974) ist

$$\boldsymbol{\sigma}(\boldsymbol{r}) = -\int \boldsymbol{\Delta}(\boldsymbol{r}, \boldsymbol{r}') : \boldsymbol{\epsilon}^p(\boldsymbol{r}') \, \mathrm{d}V', \tag{8.3}$$

wo

$$\{\boldsymbol{\Delta}(\boldsymbol{r}, \boldsymbol{r}')\}_{ijkl} = \Delta_{ijkl}(\boldsymbol{r}, \boldsymbol{r}') = C_{ijkl}(\boldsymbol{r})\, \delta(\boldsymbol{r}, \boldsymbol{r}') - \sum_{mnpq} C_{ijmn}(\boldsymbol{r}) \frac{\partial}{\partial x_n} \frac{\partial}{\partial x_p'} G_{mq}(\boldsymbol{r}, \boldsymbol{r}')\, C_{qpkl}(\boldsymbol{r}') \tag{8.4}$$

die Differenz der Gesamtspannung und der von Volumen- und Oberflächenkräften herrührenden Spannung bedeutet. $G_{mq}(\boldsymbol{r}, \boldsymbol{r}')$ ist der GREENsche Tensor des Problems bei gegebenen Oberflächenkräften, C_{ijkl} die elastischen Moduln (vgl. Teil 2) und $\delta(\boldsymbol{r}, \boldsymbol{r}')$ die DIRACsche Deltafunktion. Das Integral (8.3) läßt sich unter vereinfachenden Annahmen auswerten und führt auf (vgl. KRÖNER (1974))

$$\boldsymbol{\sigma}(\Omega) - \boldsymbol{\sigma} = \alpha G(\boldsymbol{\epsilon}^p(\Omega) - \boldsymbol{\epsilon}^p). \tag{8.5}$$

Links steht die Differenz der Spannung in einem Korn der Orientierung Ω und der räumlich gemittelten Spannung, rechts steht in der Klammer der Unterschied der plastischen Verzerrung im betrachteten Korn und der mittleren der gesamten Probe $\alpha \approx 1/2$).

9. Wechselverformung, Ermüdung

Die in einsinnigen Verformungsexperimenten gewonnenen Festigkeitskennwerte werden nicht erreicht oder überschritten, wenn die Belastung nicht einsinnig erfolgt, sondern etwa Zug- und Druckperioden miteinander abwechseln. Im Zustand des Festkörpers tritt offenbar eine Änderung ein, die Ermüdung genannt wird. Das verbreitete technische Interesse daran geht vor allem auf die erniedrigten Bruchspannungen zurück. Die Erscheinung des Bruches wird in Teil 10 behandelt, so daß wir uns hier auf die Besonderheiten der Wechselverformung beschränken können. (Zusammenfassende Darstellungen s. Kennedy; Manson; Ivanova, Terentjev; Madayag; Forrest.)

9.1. Makroskopisches Verformungsverhalten

Die Spannungs-Dehnungs-Beziehung für konstante Amplitude von ε zeigt am Beispiel der Abb. 9.1 bereits nach wenigen Wechseln erhebliche Spannungszu- oder

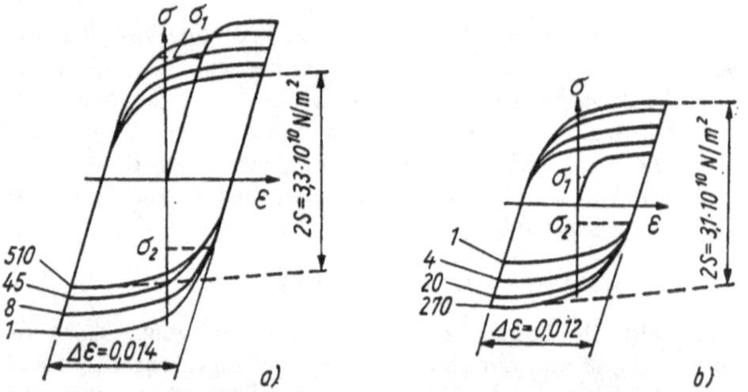

Abb. 9.1. Spannungs-Dehnungs-Diagramm von Kupfer bei Wechselverformung (Lastspielzahl als Parameter). Die Probe wurde vorher (a) um 23% kaltverformt, b) wärmebehandelt (Erholung) (Angaben an den Kurven bezeichnen Zahl der durchlaufenen Zyklen) (nach Feltner, Laird)

Spannungsabnahme. Nach der ersten Spannungsumkehr findet man in der Regel $|\sigma_2| < |\sigma_1|$, d. h., die Fließspannung am Verformungsbeginn in umgekehrter Richtung ist kleiner als in Vorwärtsrichtung (BAUSCHINGER-Effekt). Mit zunehmender Zahl der Lastwechsel (Lastspielzahl)[1]) verschwindet diese Asymmetrie. Nach N Zyklen tritt Bruch ein (Bruch-Lastspielzahl).

Die bei konstanter Spannungsamplitude S gemessenen Mittelwerte von N liegen auf der S-N- oder WÖHLER-Kurve (Abb. 9.2). In einigen Fällen (z. B. für einige Stähle) hat sie asymptotischen Charakter (vgl. Abb. 9.2). Dann

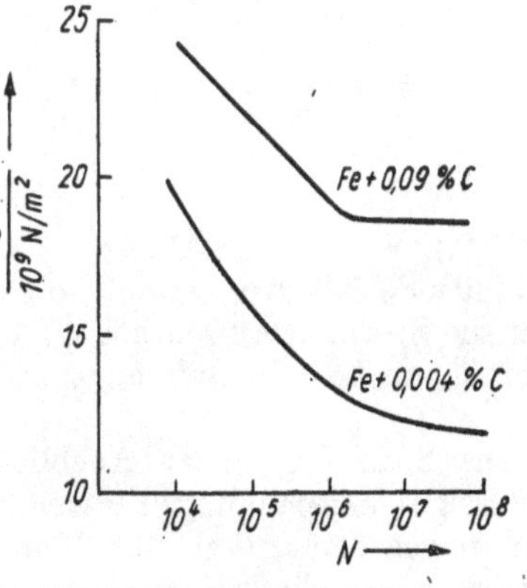

Abb. 9.2. WÖHLER-Kurven für Eisen mit verschiedenem Kohlenstoffgehalt (nach SMALLMAN)

kann eine sog. Dauerschwingfestigkeit S_0 als diejenige Wechselspannungsamplitude S angegeben werden, unterhalb der auch bei beliebiger Lastwechselzahl kein Bruch eintritt. Der kleinste Wert $N(S_0)$ heißt Grenzlastspielzahl N_G. Für Zahlenwerte vgl. Tab. 9.1/9.2. (In ferritischen Stählen findet man z. B. als Richtwert $S_0/\sigma_B \approx 0{,}5$, σ_B aus

[1]) Brücken, Schienen, Achsen, Wellen usw. unterliegen im Laufe ihres Einsatzes $10^6 \cdots 10^{10}$ Lastwechseln.

Tabelle 9.1
Grenzlastspielzahlen N_G einiger Festkörper (nach WELLINGER, KRÄGELOH)

	N_G		N_G
Stahl, Gußeisen	$(3 \cdots 10) \cdot 10^6$	Bronze	$10^6 \cdots 10^8$
Kupfer	$10^9 \cdots 10^{10}$	Leichtmetalle	$(3 \cdots 50) \cdot 10^7$
Messing	$10^7 \cdots 10^{10}$	Holz	$\sim 10^4 \cdots 10^6$

Tabelle 9.2
Dauerfestigkeiten S_0 bei Raumtemperatur

	$S_0/10^7$ Nm^{-2}		$S_0/10^7$ Nm^{-2}
Armco-Eisen	18,4	Berylliumkupfer (2,12 Be, 0,31 Ni, 0,07 Fe, Rest Cu)	42,5
Gußeisen	~ 8	Stahl (18,5 Cr, 8,82 Ni)	77,4
Kupfer reinst	6,7		

einsinnigem Versuch, s. 5.2.). Viele andere Stoffe weisen jedoch kontinuierlich abfallende S-N-Kurven auf, so daß als Ermüdungsfestigkeit die Spannungsamplitude S_N bei einer vorgegebenen Zahl N von Lastwechseln angegeben werden muß.
Eine überlagerte statische Spannung $\bar{\sigma}$ hat erhebliche Änderungen von S_N zur Folge. Zugspannungen setzen S_N herab, kleine Druckspannungen herauf (vgl. Abb. 9.3).

Temperaturänderung hat wenig Einfluß auf die Form der WÖHLER-Kurve. Im Beispiel von Cu (Abb. 9.4) bewirkt sie nur eine Parallelverschiebung. Auffällig ist der Einfluß der Oberflächenform und -bedeckung auf die S-N-Kurve. Rauhigkeiten sowie Gase und Dämpfe an der Oberfläche können S_N drastisch erniedrigen.

An der Kristalloberfläche bilden sich während der Wechselverformung charakteristische Veränderungen, an denen im weiteren Verlauf der Verformung Rißbildung einsetzt. Sowohl tiefe Kerben (Intrusionen) als auch zungenförmige Ausstülpungen (Extrusionen) (vgl. Abb. 9.5) gehören dazu. Weiterhin werden striemenförmige Gleit-

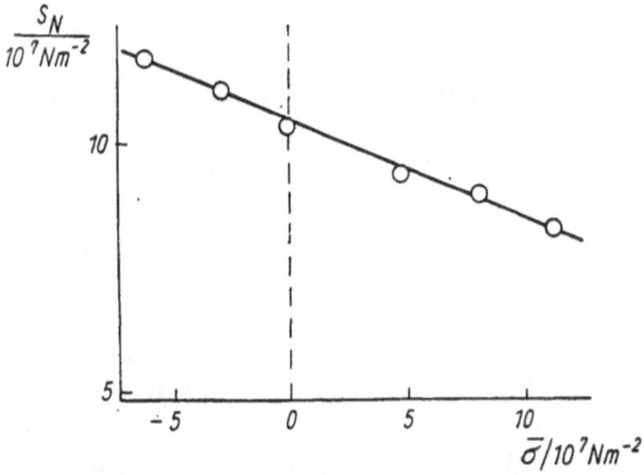

Abb. 9.3. Einfluß einer statischen Spannung $\bar{\sigma}$ auf S_N-Werte einer Al—Cu-Legierung bei $N = 10^8$ (nach KENNEDY)

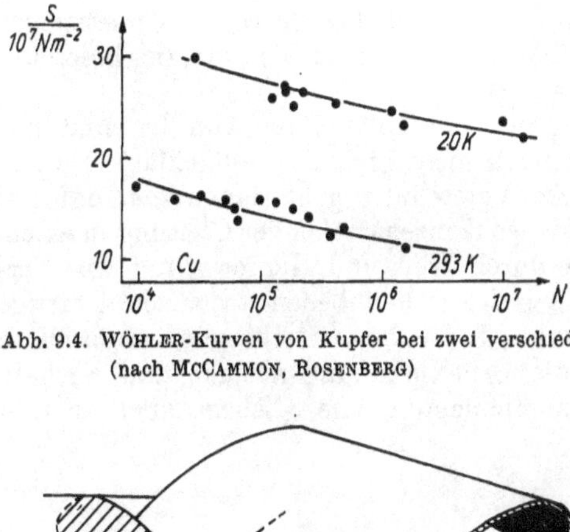

Abb. 9.4. WÖHLER-Kurven von Kupfer bei zwei verschiedenen Temperaturen (nach McCAMMON, ROSENBERG)

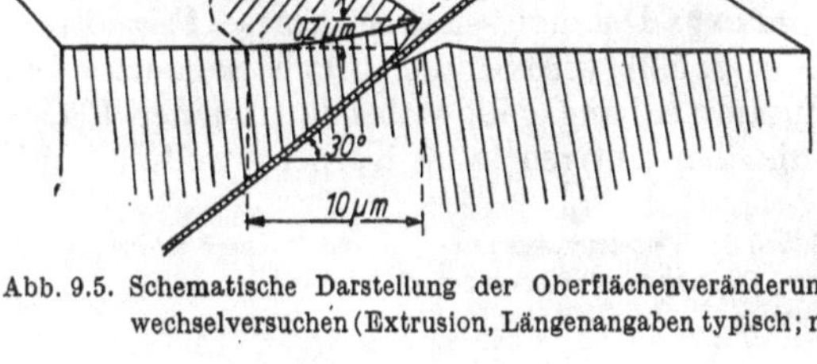

Abb. 9.5. Schematische Darstellung der Oberflächenveränderung bei Dauerwechselversuchen (Extrusion, Längenangaben typisch; nach FORSYTH)

bänder besonders dort beobachtet, wo die Schubspannung im primären und gleichzeitig einem sekundären Gleitsystem mit gleicher Gleitebene am größten ist.

9.2. Mikroskopische Vorgänge

Nach $\approx 10^4$ Lastwechseln werden unabhängig von der Vorgeschichte Zellstrukturen entwickelt, die sich von den im einsinnigen Deformationsversuch gebildeten (vgl. 7.1.1.2.) dadurch unterscheiden, daß sie nicht mit weitreichenden Spannungsfeldern verknüpft und praktisch versetzungsfrei sind. Die Zellgröße nimmt mit wachsender Amplitude ε und mit sinkender Temperatur ab. Die von Störungen durch hin und her bewegte Versetzungen „gereinigten" Zellen bieten einem Gleitvorgang besonders wenig Widerstand.[1])

Die Mechanismen der Entstehung von In- und Extrusionen sind noch nicht endgültig aufgeklärt. Die am besten gestützte Vorstellung geht davon aus, daß bei einmal vorhandener Konzentration der Gleitung in einem Volumengebiet durch Hin- und Herbewegung von Versetzungen auf parallelen Gleitebenen statistisch derartige Kerben entstehen. In 10.2 wird erläutert, wodurch in diesem Falle die Bruchspannung absinkt und weshalb Zugspannungskomponenten die Lebensdauer herabsetzen.

10. Bruch

Die Spannungs-Dehnungs-Kurve eines Festkörpers (vgl. z. B. Abb. 5.3) wird durch Bruch begrenzt. Der atomare Zusammenhang geht dabei längs einer Fläche verloren, die den untersuchten Körper zweiteilt. Wir

---

[1]) Zur Entwicklung der Versetzungsstruktur während Wechselverformung vgl. z. B. Hancock, Grosskreutz; Schmidt et al.

erläutern im folgenden einige experimentelle Beobachtungen und Prinzipien der Deutung zu diesem Phänomen. Das aktuelle Interesse am Problem des Bruches spiegelt sich in ausführlichen Publikationen wider, die sowohl den kontinuumsmechanischen als auch den atomistischen Standpunkt beziehen und auf die der Leser hier verwiesen werden muß (z. B. SIH, VAN ELST, BROEK; ČEREPANOV; SIH; BLUMENAUER, PUSCH; AVERBACH, FELBECK, HAHN, THOMAS; LOW; TETELMAN, MCEVILY; HAHN; PRATT; LIEBOWITZ; BIGGS).

10.1. Erfahrungstatsachen

Nach der Form der Spannungs-Dehnungs-Kurve (vgl. Abb. 5.3), die dem Bruch vorausgeht, unterscheiden wir Sprödbruch $\left(\varepsilon(\sigma_F) \lesssim \varepsilon(\sigma_A)\right)$ und duktilen Bruch $\left(\varepsilon(\sigma_F) \gg \varepsilon(\sigma_A)\right)$.[1])

Die Bruchspannungen σ_F haben sich als stark abhängig von Faktoren erwiesen wie innere und oberflächliche Spannungskonzentrationen (Mikrorisse), Korngröße[2]), Temperatur, Verformungsgeschwindigkeit, Verunreinigungen, Vorverformung und Bestrahlungsdosis. Zahlenangaben müssen daher notgedrungen in ihrer Gültigkeit stark beschränkt bleiben. Die Neigung zum Sprödbruch unter sonst vergleichbaren Bedingungen (z. B. auch gleiche homologe Temperatur) ist außerdem abhängig von der Kristallstruktur und der PEIERLS-Spannung τ_p (vgl. 3.2.12.2.). Hohe Werte von τ_p (intermetallische Verbindungen[3]), Minerale, Metalle vom W-Typ, halbleitende Elemente und Verbindungen) begünstigen Sprödbruch. Bei genügend hohen Temperaturen T wird in jedem Falle duktiler Bruch beobachtet (für einen wesentlichen Teil der erwähnten Vertreter mit hohem τ_p liegt der Über-

---

[1]) Spröde sei der Bruch, wenn keine nennenswerte plastische Verformung zu seiner Ausbildung erforderlich ist.

[2]) Für σ_F gilt eine Beziehung vom Typ (8.2).

[3]) Vgl. PAUFLER (1977).

gang „spröde—duktil“ oberhalb $T/T_s \approx 0{,}5$, T_s Schmelztemperatur (vgl. Abb. 10.1).[1])

Die den Bruch bestimmende Trennung benachbarter Kristallteile erfolgt im Zuge der Ausbreitung von Rissen. Beim Sprödbruch folgen die Risse meist kristallographisch definierten Ebenen über makroskopische Entfernungen,

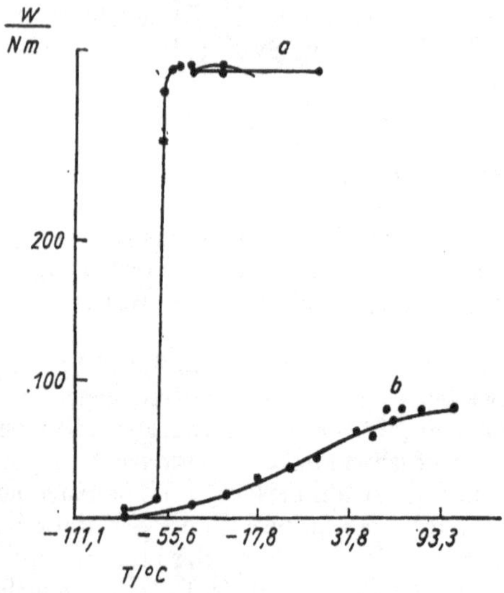

Abb. 10.1. Kerbschlagzähigkeit[2]) $\sim W$ von Fe—C—Mn-Legierungen in Abhängigkeit von der Temperatur ((a) 1,03% Mn, 0,10% C; (b) 1,09% Mn, 0,44% C). Der Übergang von niedrigen (sog. Tieflage) zu hohen (Hochlage) Ordinatenwerten entspricht dem Übergang spröde — duktil. (nach ARMSTRONG, WARNER)

[1]) Als Besonderheit ist die sog. Blausprödigkeit anzusehen, die in einem Temperaturintervall bei relativ hohen Temperaturen auftritt (bei einigen Stählen z. B. um 250 °C). Hier handelt es sich um eine Folge der Wechselwirkung bewegter Punktfehler und Versetzungen (vgl. 4.3. u. 7.1.2.1.).

[2]) Die Kerbschlagzähigkeit ist ein Maß für die im Schlagversuch bis zum Brucheintritt verbrauchte Arbeit, bezogen auf den Kerbquerschnitt der Probe vor dem Versuch. Sie wird in der technischen Werkstoffprüfung häufig verwendet, ist jedoch verfahrensabhängig. Für Relativaussagen wird auch mitunter nur die Schlagarbeit angegeben.

Tabelle 10.1
Spaltebenen einiger Kristalle

Bravais-Gitter	Strukturtyp	Vertreter	Spaltebenen
kubisch-flächen-zentriert	Diamant-Typ (A 4)	C (Dia.), Si	111
	Zinkblende-Typ (B 3)	ZnS, HgSe, HgTe	110
	CaF_2-Typ (C 1)	CaF_2, Al_2Au, Mg_2Si, Mg_2Sn, UO_2, BaF_2, ThO_2	111
	NaCl-Typ (B 1)	NaCl, KCl, KBr, KJ, MgO, NaF, PbS, CaO, MnO, TiC	001
		NaCl, CaO, LiF, MgO	110
	Cu_2Mg-Typ (C 15)	Al_2Ca	111
kubisch-raum-zentriert	W-Typ (A 2)	W, Fe, Ta, Cr, Nb	100
		Cr, α-Fe, Mo	112
tetragonal-raumzentriert	Al_2Cu-Typ (C 16)	Al_2Cu	001
	$CaWO_4$-Typ (HO_4)	$CaWO_4$	001, 111
	Anatas-Typ (C 5)	TiO_2	001, 111
einfach-tetragonal	Rutil-Typ (C 4)	TiO_2	110, 100
hexagonal	Wurtzit-Typ (B 4)	ZnS	$10\bar{1}0$, 0001
	Mg-Typ (A 3)	Mg, Zn, Cd, Be	0001
	$MgZn_2$-Typ (C 14)	$MgZn_2$, $CaMg_2$	0001, $10\bar{1}0$ $10\bar{1}0$
	Graphit-Typ (A 9)	C (Graphit)	0001
		H_2O (Eis)	0001
trigonal	As-Typ (A 7)	As, Sb, Bi	111
	Se-Typ (A 8)	Te	$10\bar{1}0$ bzw. $\bar{2}11$
	$CaCO_3$-Typ (GO_1)	$CaCO_3$	$10\bar{1}1$ bzw. 100

Tab. 10.1 (Fortsetzung)

BRAVAIS-Gitter	Strukturtyp	Vertreter	Spaltebenen
trigonal	Dolomit-Typ ($G1_1$)	$CaMg(CO_3)_2$	$10\bar{1}1$ bzw. 100
	CdJ_2-Typ (C6)	$Mg(OH)_2$	111
rhombisch-einseitig-flächen-zentriert	Anhydrit-Typ (HO_1)	$CaSO_4$	001, 010
einfach-rhombisch	Aragonit-Typ (GO_2)	$CaCO_3$ KNO_3	010 011
	K_2SO_4-Typ ($H1_6$)	$(NH_4)_2SO_4$	001
	Sillimanit-Typ (SO_3)	Al_2SiO_5	100
	Topas-Typ (SO_5)	$[Al(F, OH)]_2SiO_4$	001
monoklin	Prophyllit-Typ ($S5_6$)	$Mg_3[Si_4O_{10}(OH)_2]$ (Talk)	001
	Muskovit-Typ ($S5_1$)	$KH_2(Al, Fe)_3(SiO_4)_3$ (Musokvit)	001
	Gips-Typ ($H4_6$)	$CaSO_4 \cdot 2H_2O$	010, 100
	$KClO_3$-Typ (GO_6)	$KClO_3$	001, 110
triklin	H_3BO_3-Typ ($G5_1$)	$B(OH)_3$	001

so daß ebene[1]) Spaltflächen entstehen (Spaltbruch). Tab. 10.1 enthält einige häufig beobachtete Spaltebenen.

Duktiler Bruch beginnt mit stark lokalisierter Verformung und Einschnürung der Probe. Mikrorisse laufen senkrecht zur maximalen Zugspannung, d. h. etwa unter 45° zur Zugachse. Als Ergebnis erhält man meist unebene Bruchflächen.

[1]) Genauere Untersuchung läßt eine sog. Flußlinienstruktur erkennen als Zeichen dafür, daß die Ebene der Rißausbreitung nicht über die gesamte Spaltfläche hinweg ein und derselben Netzebene folgt. Ursache dafür können die Spaltebene kreuzende Versetzungen, Kleinwinkelkorngrenzen u. a. sein.

10.2. Spaltbruch

Der idealisierte Spaltvorgang besteht darin, daß zwei Netzebenen im Abstand d durch eine Zugspannung σ_S bis zu einem kritischen Wert d^* voneinander entfernt werden. Weitere Abstandserhöhung kann bei abnehmender Spannung erfolgen. Bruch tritt auf, sobald die elastische Energie pro Flächeneinheit, die durch σ_S in den Kristall eingebracht worden ist, gleich der Oberflächenenergie γ_{0F} (vgl. Tab. 3.3) der erzeugten Spaltflächen ist: $(\sigma_S{}^2/2E) \times (d^* - d) = 2\gamma_{0F}$. Für die meisten Stoffe gilt $\gamma_{0F} \approx Ed/30$. Aus $\sigma_S = \sqrt{4E\gamma_{0F}/(n-1)\,d}$, wobei $d^* = nd$ gesetzt wurde[1]), folgt mit $n \approx 2$

$$\sigma_S = \sqrt{\frac{4E\gamma_{0F}}{d}} \approx \frac{E}{3}. \tag{10.1}$$

Die experimentell ermittelten Bruchspannungen sind jedoch mit $E/1000 \cdots E/100$ wesentlich kleiner.

Zum quantitativen Verständnis muß man die beobachteten Mikrorisse explizit berücksichtigen. Abb. 10.2 enthält das Beispiel eines Risses mit elliptischem Querschnitt. Von außen werde die Zugspannung σ angelegt. Infolge der Kerbwirkung ist im Rißgrund (um $\theta/2$ gegenüber σ gedreht) eine Maximalspannung

$$\sigma_{\max} = (\cos\theta + \cos^2\theta)\,\sigma\sqrt{\frac{c}{r_K}} \tag{10.2}$$

zu erwarten (vgl. z. B. KERKHOF), wo r_K der Krümmungsradius im Rißgrund ist. Nach GRIFFITH wächst der Riß, wenn der Zuwachs an Oberflächenenergie $4c\gamma_{0F}$ kleiner als der Gewinn an elastischer Energie $-\pi c^2\sigma^2/E$ ist, d. h., falls $-2\pi c\sigma^2/E + 4\gamma_{0F} \overset{!}{=} 0$ oder $\sigma = \sqrt{2\gamma_{0F}E/\pi c}$ ist. (Die wirksame Oberflächenenergie wird dann größer als γ_{0F} sein, wenn ein Teil der elastischen Energie als Arbeit

[1]) Im Ionenpotential $U(d) = -\alpha_M(e^2/4\pi\varepsilon_0)/d + 6a/d^s$ wird $d^* = d[(s+3)/4]^{1/(s-1)}$ (s. ČEREPANOV).

der plastischen Deformation in der Umgebung der Rißspitze verbraucht wird.)[1]) Dies wird mit Hilfe von (10.1) und (10.2) deutlich. Der Riß breitet sich aus, sofern $\sigma_{\max} = \sigma_S$ und damit $\sigma = \sigma_F$ wird. Demnach bleibt

$$\sigma_F = \frac{1}{2}\sqrt{\frac{r_K}{c}}\sqrt{\frac{4E\gamma_{0F}}{d}} = \sqrt{\frac{E\gamma_{0F}r_K}{dc}}.^{2)} \qquad (10.3)$$

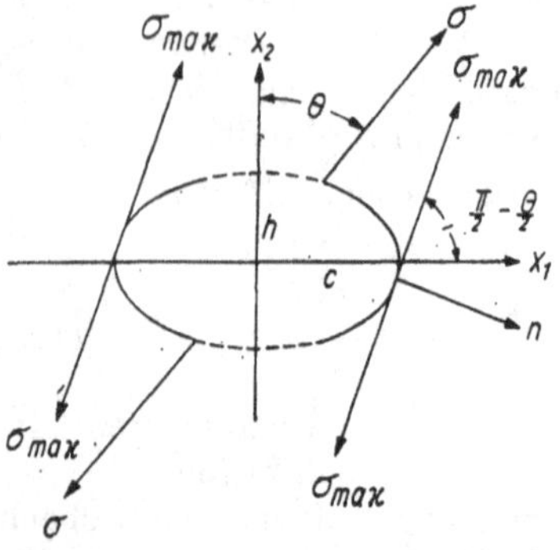

Abb. 10.2. Richtung maximaler Zugspannung $\sigma_{\max}$ und Ausbreitungsrichtung n eines langen elliptischen Risses ($h \ll c$), an dem die Spannung σ unter einem (übertrieben gezeichneten) Winkel θ angreift (nach SIH)

Eine untere Grenze für σ_F sollte durch $r_K = d$ gegeben sein. Bereits ein Riß von $c = 2 \cdot 10^{-6}$ m liefert $\sigma_F/\sigma_S \approx 1/200$. Kleinste Risse erniedrigen dabei die Bruchspannung erheblich, seien sie nun im Kristallinneren oder an dessen Oberfläche angesiedelt.

---

[1]) Wenn z. B. im Stahl $\sigma_S \approx E/300$ über einen Verformungsweg von $\approx 10^{-5}$ m wirkt, hat man $\gamma_{0F} = 3 \cdot 10^3$ Jm^{-2} und $\sigma_F \approx 1{,}7 \cdot 10^8$ Nm^{-2} bei 10^{-2} m Rißlänge. Im Gegensatz dazu ergibt sich für Glas trotz hohem σ_S ($\approx E/10$) wegen überwiegend elastischer Verformung bei gleicher Rißlänge die erheblich kleinere Bruchspannung $\sigma_F \approx 3 \cdot 10^6$ Nm^{-2}.

[2]) Elastisch weiche Stoffe, wie z. B. Gummi, besitzen zwar niedrigen YOUNGschen Modul E, aber dennoch relativ hohes σ_F, da nach Anlegen einer Zugspannung sich zunächst der Riß aufweitet, d. h. r_K vergrößert. Das ist auch der Grund, weshalb an den gut plastisch verformbaren Metallen vom Cu-Typ keine Spaltflächen beobachtet werden (vgl. Tab. 10.1).

Letzteres macht die auffällige Abhängigkeit des σ_F von der Oberflächenbeschaffenheit verständlich. Namentlich bei nichtmetallischen Festkörpern, wie Gläsern oder Steinsalz, ist eine bedeutende Erhöhung der Bruchspannung nach Entfernung einer Oberflächenschicht durch Lösungsmittel festgestellt worden (JOFFE-Effekt). Weiterhin nimmt auch σ_F im Vakuum mit abnehmendem Probenquerschnitt zu. Das folgt aus der Existenz einer Verteilungsfunktion der Risse nach Größe und Lage im Raum. In großen Proben ist die Wahrscheinlichkeit höher, einen großen Riß zu finden. Die Angabe einer Bruchspannung sollte daher durch den Wert der Wahrscheinlichkeit ergänzt sein, mit der Bruch eintritt (vgl. auch 13.1.)

Umgekehrt sinkt die Bruchspannung einiger Metalle erheblich, wenn sie mit einer wenige µm dicken Schicht eines anderen flüssigen Metalls bedeckt werden. Versprödend in diesem Sinne wirken Deckschichten, die mit der festen Unterlage nicht nennenswerte Mischbarkeit aufweisen und keine intermetallischen Verbindungen bilden. Sogar sonst duktile Metalle (vgl. 10.3) können auf diese Weise gespalten werden (z. B. Ag und Al durch Hg- oder Ga-, Ni durch Li-Bedeckung). Ursache ist anscheinend eine merkliche Erniedrigung zwischenatomarer Bindungskräfte an der Rißspitze durch adsorbierte Atome des flüssigen Metalls (für Einzelheiten vgl. z. B. KAMDAR).[1]

Der Widerstand gegen Schubspannungen wird durch Risse gleichfalls herabgesetzt (Scherungsbruch). Die Behandlung erfolgt analog und führt zu $\tau_F = \sqrt{G\tau_0\gamma r_K/c}$ mit G als Schubmodul, τ_0 als kritischer Schubspannung, γ Scherung im Rißgrund, $\sqrt{c/r_K}$ Spannungskonzentrationsfaktor.

10.3. Duktiler Bruch

Im Gegensatz zum Spröd- oder Spaltbruch geht dem duktilen Bruch ausgedehnte plastische Verformung voraus. Die zugehörigen mikroskopischen Prozesse sind ver-

---

[1]) Dieses Phänomen gehört zu einer Gruppe von Beobachtungen über die Erniedrigung von Festigkeit und Zähigkeit durch oberflächenaktive Medien (REHBINDER-Effekt, vgl. z. B. REHBINDER, SHCHUKIN).

wickelt und wurden in 7.1.1.2 erörtert. Aus diesem Grunde ist die Form der Bruchfläche vielgestaltig und substanzabhängig (z. B. meisel-, kegel-, wabenförmig, aber auch eben[1]). Sie entsteht im Verlaufe lokalisierter (z. T. nur auf wenige Gleitbänder konzentrierter) Verformung, die sich makroskopisch als Einschnürung der Probe im Zugversuch äußert. Bei metallischen Elementen wird besonders starke Querschnittsverjüngung beobachtet. Die Instabilitätsbedingung für das Einschnüren ist offenbar dann erfüllt, wenn eine homogene Verlängerung der Probe um dl eine größere Kraft erfordert als wenn die gleiche Längenänderung inhomogen (d. h. durch Einschnürung) erfolgte. Im Grenzfall verschwindet der Kraftzuwachs $\mathrm{d}F/\mathrm{d}l = 0$. Normalerweise wird dies dadurch verhindert, daß der Zuwachs an innerer Spannung durch Verfestigung im verjüngten Teil die höhere äußere Spannung überwiegt. Es liegt also ein direkter Bezug zur Spannungs-Dehnungs-Kurve vor, der quantitativ aus $\mathrm{d}F = 0$ folgt. Die Probe habe den Querschnitt A, d. h. $F = A\sigma$. Wegen der Volumenkonstanz ist $\mathrm{d}l/l = -\mathrm{d}A/A = \mathrm{d}\varepsilon$. Damit wird $\mathrm{d}F = \sigma\,\mathrm{d}A + A\,\mathrm{d}\sigma = 0$ oder

$$\frac{\mathrm{d}\ln\sigma}{\mathrm{d}\varepsilon} = 1. \tag{10.4}$$

Im Bereich linearer Verfestigung $\sigma = \vartheta\varepsilon$ (vgl. 7.1.1.1.) nimmt das Einschnürungskriterium (10.4) die Form $\vartheta/\sigma = 1$ an, was i. allg. erst bei hohen Verformungsgraden erfüllt ist. Die Gleitung wird dann auch auf Nebengleitsystemen forciert, und es entstehen die erwähnten Bruchflächentopologien. Enthält der Festkörper Inhomogenitäten (etwa Ausscheidungen), bildet sich schon bei kleineren Spannungen eine Vielzahl von Löchern (vgl. Abb. 10.3 u. Kap. 10.4), wodurch der effektive Querschnitt ebenfalls verkleinert wird. Diese erfüllen die Funktion der in 10.2 behandelten Risse.

---

[1]) S. z. B. SCHMITT-THOMAS, KLINGELE, WOITSCHECK.

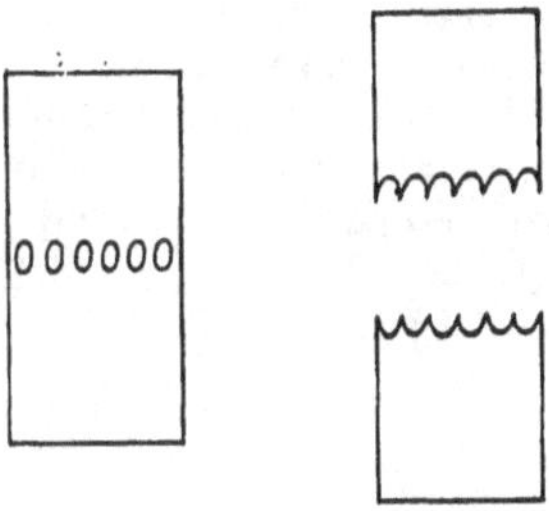

Abb. 10.3. Prinzip der Entstehung einer Wabenstruktur im duktilen Bruch

10.4. Rißkeimbildung

Nun soll auf die Herkunft der Mikrorisse eingegangen werden, deren Berücksichtigung sich bisher in 10.2 zum quantitativen Verständnis der Bruchspannungen σ_F notwendig gemacht hat. Selbst sorgfältig hergestellte und auf Mikrorisse untersuchte Kristalle weisen indessen ebenfalls jene niedrigen σ_F-Werte auf. Außerdem ist schon lange bekannt, daß auch dem Sprödbruch in geringem Umfang plastische Verformung vorausgeht. Beides (und zahlreiche weitere Beobachtungen) läßt den Schluß zu, daß die bruchauslösenden Risse i. allg. zu Verformungsbeginn entstehen. Dies ist in einigen Fällen direkt nachgewiesen worden.

Wir geben Beispiele für Rißentstehung auf diesem Wege an, die die Grundgedanken enthalten. Die Aufstauung gleichnamiger Stufenversetzungen an einem kräftigen Hindernis ist wohl das einfachste. Sie war bereits im Zusammenhang mit der Behandlung der Verfestigung aufgetreten (vgl. 7.1.1.2.). Am Kopf der Gruppe aus n Versetzungen wirkt die n-fache Schubspannung $\tau_n = \tau n$ der angelegten.[1] Wenn τ_n einen kritischen Wert in der Größenordnung $2\gamma_{0F}/b$ überschreitet[2]), öffnet sich der Riß (vgl. Abb. 10.4). Zwischen Länge der Versetzungsgruppe L

[1]) Wird die n-te Versetzung um dx verschoben, rücken die übrigen nach. Die angelegte Schubspannung verrichtet die Arbeit/Länge $n\tau b\, dx = \tau_n b\, dx$.

[2]) Gelegentlich zu $\approx 0{,}7\, G$ abgeschätzt.

und der Anzahl n besteht der Zusammenhang $L \approx nGb/4\tau$ (vgl. z. B. J. FRIEDEL). Elimination von n führt auf die Abhängigkeit der zur Öffnung des Risses erforderlichen Schubspannung τ von der Länge der Aufstauung (die ihrerseits in Polykristallen dem Korndurchmesser proportional ist) vom Typ $\tau \sim L^{-1/2}$ (PETCH-Beziehung, vgl. auch (8.2)).

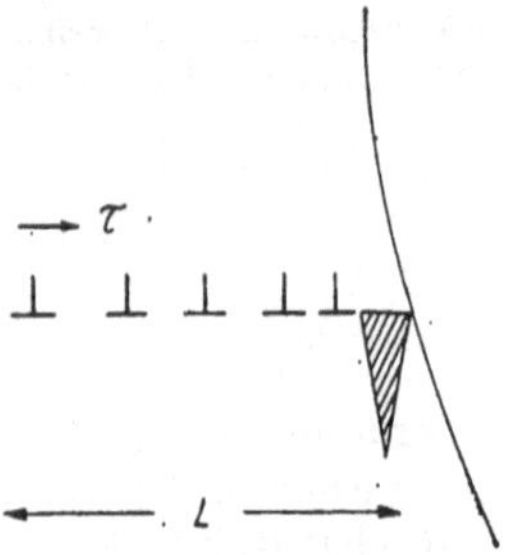

Abb. 10.4. Zur Bildung eines Rißkeimes (schraffiert) am Kopf einer Aufstauung von n gleichnamigen Stufenversetzungen (L Länge der Versetzungsgruppe)

In Einkristallen fehlen derartige Hindernisse wie Korngrenzen. Wir hatten jedoch schon in 7.1.1.2. Beispiele dafür kennengelernt, wie sich Hindernisse durch Reaktion von Versetzungen in verschiedenen Gleitsystemen bilden können. Um als Rißkeim zu wirken, darf die hohe Spannung am Hindernis nicht durch Gleitprozesse abgebaut werden können. Die W-Struktur bietet günstige geometrische Voraussetzungen für folgenden einfachen Rißkeimbildungsmechanismus. Zwei Versetzungen mit Gleitsystem $(10\bar{1})$ $1/2\,[111]$ bzw. (101) $1/2\,[\bar{1}\bar{1}1]$ reagieren in der Schnittgeraden nach

$$\frac{1}{2}\,[111] + \frac{1}{2}\,[\bar{1}\bar{1}1] \rightarrow [001] \tag{10.5}$$

zu einer Versetzung mit BURGERS-Vektor senkrecht zur (001)-Ebene (keine Gleitebene!). Die nachfolgenden Versetzungen bilden dann einen Riß parallel zur tatsächlich beobachteten Spaltebene (Abb. 10.5).

Mikrorisse sind auch dort festgestellt worden, wo Versetzungswände teilweise von einem Hindernis aufgehalten (Abb. 10.6) und wo Zwillingslamellen (s. 11) von anderen geschnitten werden.

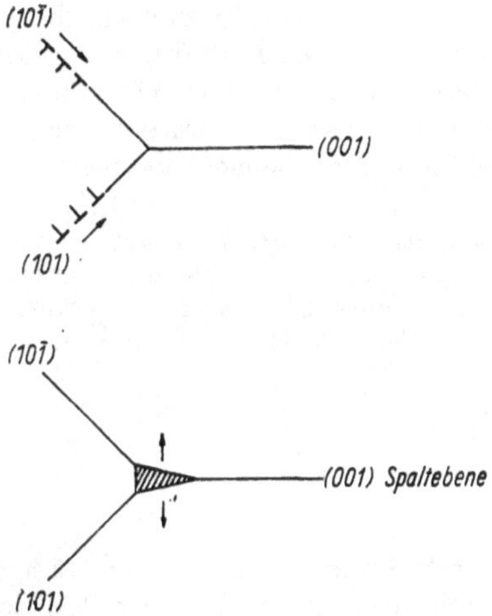

Abb. 10.5. Rißkeimbildung in der W-Struktur

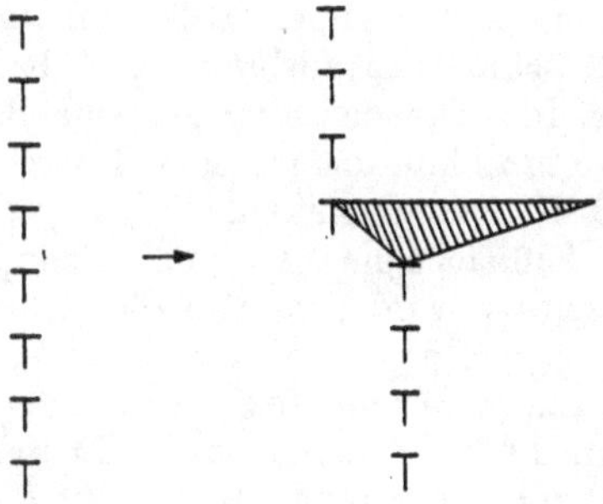

Abb. 10.6. Rißkeimbildung an einer Versetzungswand (Kleinwinkelkorngrenze)

Auch der Materialtrennung beim duktilen Bruch (vgl. 10.3) geht Rißbildung und -ausbreitung voraus. An Inhomogenitäten[1]), wie z. B. Ausscheidungen, aufgestaute

[1]) In Kristallen frei von Inhomogenitäten können Hindernisse aus Versetzungen wirksam werden (vgl. 7.1.1.2.).

Versetzungen bilden mikroskopische Hohlräume, die — anders als die Mikrorisse im spröden Festkörper — unter dem Einfluß einer äußeren Spannung über Versetzungsbewegung in der Umgebung „entschärft“ werden können. Sie wachsen durch Vereinigung mit benachbarten Poren.

Der im Kriechversuch auftretende Bruch erfolgt ebenfalls über Porenbildung durch Gleiten, deren Wachstum allerdings vorwiegend auf der Grundlage atomarer Diffusion (vgl. HERRING-NABARRO-Kriechen) erfolgt. Für Details sei auf LOW verwiesen.

10.5. Rißausbreitung

Die Neigung eines Festkörpers zu Sprödbruch hängt, abgesehen von den bereits erörterten Möglichkeiten der Rißkeimbildung, von der Ausbreitung der Risse ab. Zweckmäßigerweise werden folgende Stadien unterschieden: 1. Rißbildung, 2. langsames Rißwachstum, 3. kritischer Zustand, 4. schnelle Rißausbreitung, 5. Rißarretierung. Wir weisen im folgenden kurz auf eine Beurteilung der Rißausbreitung hin, die auf einer Energiebilanz beruht (vgl. z. B. KENNY, CAMPBELL).

Bei Vergrößerung der Rißfläche um $\mathrm{d}A$ wird die Energie $\mathrm{d}Q$ verbraucht[1]), andererseits wird dem Riß die Arbeit $\mathrm{d}W$ der äußeren Kräfte zugeführt und die elastische Verzerrungsenergie des Festkörpers um $-\mathrm{d}E_{\mathrm{el}}$ vermindert. Der Rißerweiterung um $\mathrm{d}A$ steht demnach die Energie $\mathrm{d}E = \mathrm{d}W - \mathrm{d}E_{\mathrm{el}} \geqq 0$ zur Verfügung. Wenn $-\mathrm{d}E_{\mathrm{el}}/\mathrm{d}A \geqq \mathrm{d}Q/\mathrm{d}A$, heißt der Zustand des Risses kritisch. Er bezieht nämlich dann die Energie für sein Wachstum vollständig aus der freiwerdenden elastischen Energie ohne weiterhin der Arbeit der äußeren Kräfte zu be-

[1]) Dazu tragen bei: Oberflächenenergie der neuen Bruchflächen, Energie der plastischen Verformung in Umgebung der Rißspitze, emittierte elastische Wellen, Wärmeerzeugung. (Zur Temperaturerhöhung in der Rißspitze vgl. RICE, LEVY).

dürfen. Der Beitrag $\mathrm{d}E/\mathrm{d}A \equiv \mathcal{G}$ hängt nur von den elastischen Eigenschaften der Probe und den äußeren Kräften ab und eignet sich daher als Maß der Wachstumsfähigkeit des Risses. Sein Wert im kritischen Zustand $\mathcal{G}_c$ hängt noch von der Probengeometrie ab. Sowohl $\mathrm{d}Q/\mathrm{d}A$ als auch $\mathcal{G}$ erweisen sich als rißlängenabhängig. Der kritische Zustand $\mathcal{G}_c$ ist erreicht, wenn die $\mathcal{G}$-Kurve die Kurve

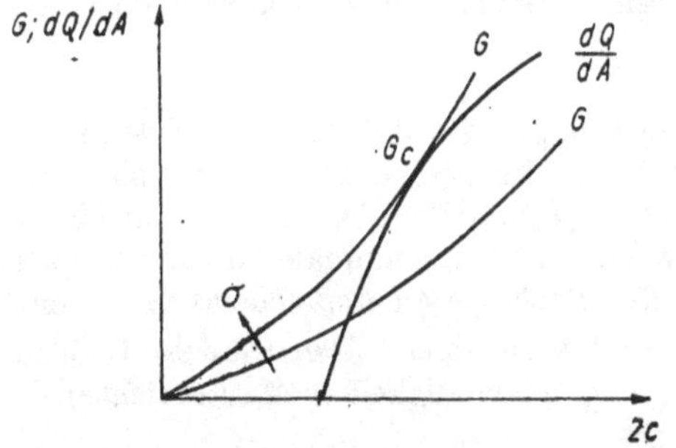

Abb. 10.7. Zum kritischen Zustand bei der Rißausbreitung (nach KENNY, CAMPBELL). $2c$ = Rißlänge

$\mathrm{d}Q/\mathrm{d}A$ berührt (Abb. 10.7). Durch geringes Längenwachstum des Risses wird dann die verfügbare Energie/Fläche $\mathcal{G}$ größer als die verbrauchte $\mathrm{d}Q/\mathrm{d}A$. $\mathcal{G}_c$ entspricht dem Oberflächenenergieterm in der GRIFFITHschen Theorie (vgl. 10.2), d. h., es ist $\sigma_F \sim \sqrt{E\mathcal{G}_c/c_c}$ mit $c_c = 2E\gamma_{0F}/\pi\sigma^2$ als Rißlänge im kritischen Zustand.

Wegen der direkten Beziehung von $\mathcal{G}$ zu den elastischen Eigenschaften des Materials wird oft eine Verbindung zum Spannungszustand in der Rißumgebung auf der Grundlage linearer Elastizitätsmechanik hergestellt. Die Komponenten des Spannungstensors für ebenen Spannungszustand lassen sich nämlich in ebenen Polarkoordinaten r, ϑ (Koordinatenursprung eine Spitze des in x_1-Richtung ausgedehnten Risses) darstellen durch $\sigma_{11} = (\mathcal{K}/\sqrt{2\pi r})\, f_1(\vartheta)$, $\sigma_{22} = (\mathcal{K}/\sqrt{2\pi r})\, f_2(\vartheta)$ und $\sigma_{12} = (\mathcal{K}/\sqrt{2\pi r}) \times f_3(\vartheta)$, d. h. durch nur einen Parameter $\mathcal{K}$ (f_i, $i = 1, 2, 3$), sind bekannte trigonometrische Funktionen). Zwischen diesem Spannungsintensitätsfaktor $\mathcal{K}$ und $\mathcal{G}$ besteht die Beziehung[1])

$$\mathcal{K}^2 = E\mathcal{G}, \quad E \text{ Youngscher Modul.} \tag{10.6}$$

$\mathcal{K}$ hängt von der äußeren Spannung σ_{22}, der Rißlänge $2c$ und den Probenabmessungen ab. Sein Wert $\mathcal{K}_c$ im kritischen Zustand heißt Bruchzähigkeit. Ihr minimaler Grenzwert für große Probenstärken wird als Rißzähigkeit $\mathcal{K}_{Ic}$[2]) bezeichnet und gilt als Maß für den Widerstand eines Festkörpers gegen Rißausbreitung.[3])

Die Verzerrungsenergie des deformierten Festkörpers geht auch teilweise in kinetische Energie des sich ausbreitenden Risses $\sim \varrho v_R^2 c^2 \sigma^2 / E^2$ über. Nach dem Modell von Griffith wächst dessen maximale Geschwindigkeit $v_R = \partial c / \partial t$ mit der Rißlänge c entsprechend $v_R = \text{const} \times \sqrt{E/\varrho}(1 - c_c/c)^{1/2}$ bis zu einem Grenzwert der Größenordnung $0{,}4 \cdot$ Schallgeschwindigkeit (ϱ Massendichte).

11. Deformation durch Zwillings- und Martensitbildung

In 4.1 und 6.4 war bereits auf Möglichkeiten hingewiesen worden, bleibende Formänderung ohne Gleitung wie in 6 und ohne Diffusion wie in 7.3 zu erreichen. Im

---

[1]) Unter den genannten Voraussetzungen ebenen Spannungszustandes gültig, sonst entsprechend modifizierte Gleichungen.

[2]) Der Index I bezeichnet die erste Rißausbreitungsform – die Rißöffnung, die im wesentlichen von der Spannungskomponente σ_{22} beherrscht wird. Analoge Größen können für die beiden durch σ_{12} und σ_{23} bestimmten Schermechanismen der Rißvergrößerung definiert werden (K_{IIc} und K_{IIIc}).

[3]) Genaugenommen sind auch diese Größen noch abhängig von den Versuchsbedingungen. Z. B. unterscheiden sie sich bei statischer und zyklischer Belastung oder bei Einwirkung korrodierender Medien usw., was durch zusätzliche Indizes zum Ausdruck gebracht wird. Auch Temperatur und Verformungsgeschwindigkeit sind in $\mathcal{K}_{Ic}$ nicht berücksichtigt (vgl. Boyd).

Verlaufe der mechanischen[1]) Zwillingsbildung entsteht im verformten Kristall ein bezüglich des Ausgangskristalls symmetrischer Bereich gleicher Struktur, während der Vorgang der Martensitumwandlung mit Strukturänderung einhergeht.

Beiden im folgenden näher zu behandelnden Deformationstypen ist gemeinsam: a) Bleibende Formänderung unter Einfluß äußerer Spannung[2]), wobei der verformte Festkörper vollständig oder teilweise transformiert werden kann sowie End- und Ausgangszustand durch definierte kristallographische Orientierungsbeziehungen miteinander verknüpft sind; b) athermische gekoppelte Bewegung einer großen Anzahl von Atomen über Entfernungen < Translationsperiode, die sich durch koordinierte Verschiebung unvollständiger Versetzungen beschreiben läßt.

Infolge ihrer Unabhängigkeit von thermischer Aktivierung werden beide Mechanismen zur Gleitung konkurrenzfähig, wenn hohe Verformungsgeschwindigkeiten aufgeprägt sind. Die überdies in beiden Fällen auftretende Orientierungsänderung (ohne oder mit Änderung der Struktur) begünstigt Verformung auf diesem Wege dann, wenn dadurch Schubspannungserhöhungen im Gleitsystem des Zwillings oder der Martensitphase erzielt werden können. Die technische Bedeutung der Erscheinungen geht auf deren verfestigende Wirkung und den Einfluß auf Bruchvorgänge zurück. Ausführliche Darstellungen geben Hall; Klassen-Nekljudova; Reed-Hill, Hirth, Rogers; Christian; Osipjan, Entin.

---

[1]) Zwillinge können auch beim Kristallwachstum, bei Rekristallisation oder bei Phasenumwandlungen entstehen. Diese werden hier nicht betrachtet.

[2]) Als Ausnahme ist die Zwillingsbildung in Quarz und damit verwandte Beispiele anzusehen. Die gekoppelten Atombewegungen erfolgen hier ohne Änderung der äußeren Form des Kristalls. Die $(10\bar{1}1)$-Ebene eines Individuums schließt an die $(01\bar{1}1)$ des anderen an, die $(10\bar{1}0)$ ist beiden gemeinsam (sog. Dauphinéer-Gesetz, vgl. Klassen-Nekljudova).

11.1. Zwillingsbildung

11.1.1. Kennzeichen

In der Spannungs-Dehnungs-Kurve äußert sich Zwillingsbildung durch sprunghafte Spannungsabfälle (vgl. Abb. 11.1.). Gewöhnlich setzt sie erst bei hohen Spannungen, verglichen mit τ_0 (für das Gleiten), ein. Eine kritische Schubspannung für Zwillingsbildung ist oft vermutet, aber bisher nicht nachgewiesen worden.

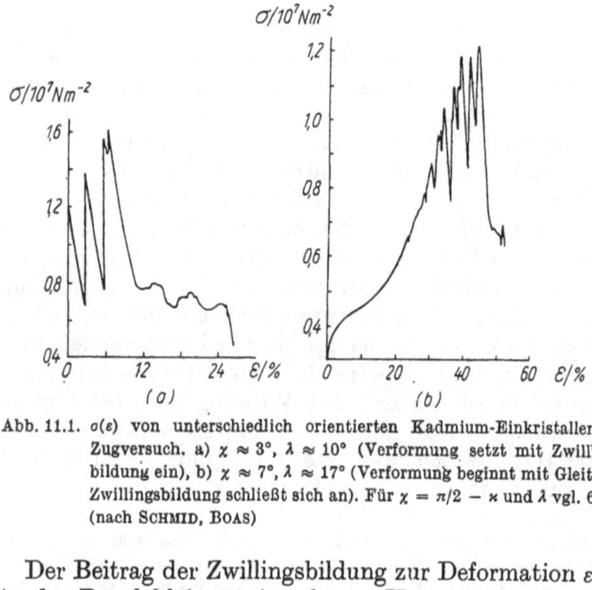

Abb. 11.1. $\sigma(\varepsilon)$ von unterschiedlich orientierten Kadmium-Einkristallen im Zugversuch. a) $\chi \approx 3°$, $\lambda \approx 10°$ (Verformung setzt mit Zwillingsbildung ein), b) $\chi \approx 7°$, $\lambda \approx 17°$ (Verformung beginnt mit Gleitung; Zwillingsbildung schließt sich an). Für $\chi = \pi/2 - \varkappa$ und λ vgl. 6.2.2. (nach SCHMID, BOAS)

Der Beitrag der Zwillingsbildung zur Deformation ε ist in der Regel klein, er ist aber u. U. unentbehrlich, um überhaupt plastische Verformung zu ermöglichen. Dies trifft besonders auf Polykristalle und Kristalle niedriger Symmetrie zu, in denen das v. MISES-Kriterium (vgl. 6.2.1.) durch Gleiten allein nicht erfüllt werden kann. Die maximale Dehnung ε_{max} eines Kristalls wird dann erreicht, wenn er im gesamten Volumen in die Zwillingsstellung übergeht. Sie beträgt

$$\varepsilon_{\max} = \sqrt{1 + 2s \sin \varkappa \cos \lambda + s^2 \sin^2 \varkappa} - 1, \qquad (11.1)$$

wo $\varkappa$, λ die Winkel der einachsigen Zugspannung mit der Normale der Zwillingsebene bzw. der Scherrichtung und s die Zwillingsscherung (s. u.) bedeuten.[1])

Zwillingsbildung tritt, besonders in Metallen, meist gemeinsam mit Gleitung auf. Die Prozesse konkurrieren in dem Sinne miteinander, daß ersterer dann abläuft, wenn Gleitung nicht möglich ist. Durch Vorverformung über Gleitung kann Zwillingsbildung unterdrückt werden, sofern dadurch ausreichend viele bewegliche Gleitversetzungen erzeugt worden sind.

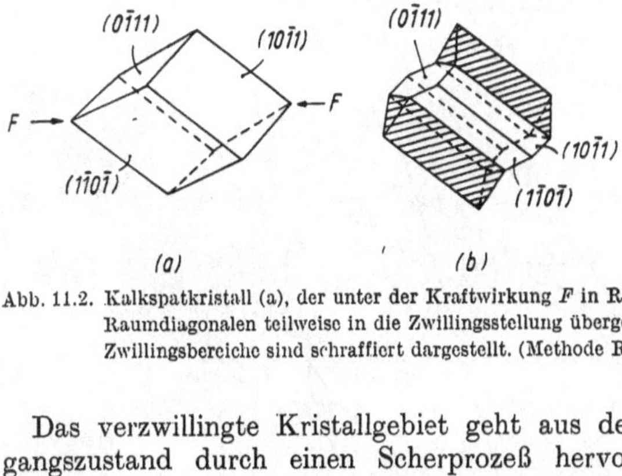

Abb. 11.2. Kalkspatkristall (a), der unter der Kraftwirkung F in Richtung der Raumdiagonalen teilweise in die Zwillingsstellung übergeht (b). Die Zwillingsbereiche sind schraffiert dargestellt. (Methode REUSCH)

Das verzwillingte Kristallgebiet geht aus dem Ausgangszustand durch einen Scherprozeß hervor (z. B. Abb. 11.2), der makroskopisch als homogene Schiebung parallel zur Zwillingsebene $\boldsymbol{n}_z$ (gewöhnlich mit K_1 bezeichnet) in Zwillingsrichtung η_1 beschrieben werden kann (Abb. 11.3).[2]) Bezüglich eines orthonormierten

[1]) Ist nur der Bruchteil v des Volumens verzwillingt, hat man s in (11.1) durch sv zu ersetzen.

[2]) Auf Zwillingsbildung ohne äußere Formänderung sind diese Begriffe nicht anwendbar (vgl. Fußn. 2, S. 119).

Koordinatensystems mit $x_1 \parallel \eta_1$, $x_2 \parallel K_1$ und $x_3 \perp K_1$ werden Vektoren vor und nach Zwillingsbildung $\boldsymbol{r}$ und $\boldsymbol{r}'$ durch

$$\boldsymbol{r}' = \boldsymbol{\Omega r}, \ \boldsymbol{\Omega} = \begin{pmatrix} 1 & 0 & s \\ 0 & 1 & 0 \\ 0 & 0 & 1 \end{pmatrix} \tag{11.2}$$

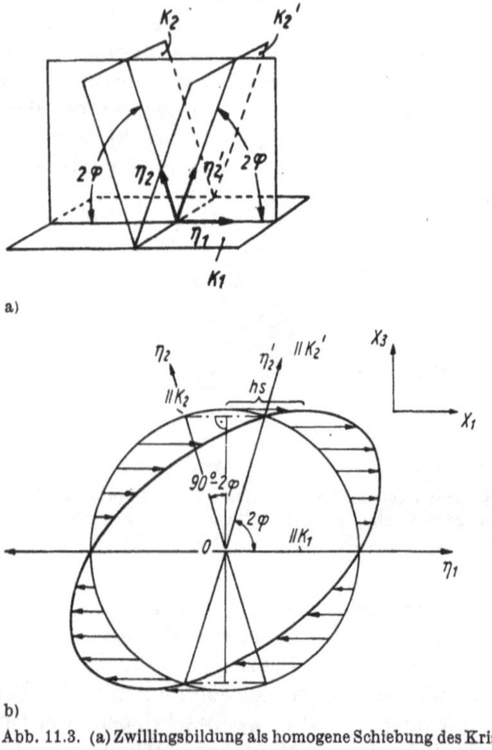

Abb. 11.3. (a) Zwillingsbildung als homogene Schiebung des Kristallteils oberhalb K_1 parallel zu dieser Ebene um $\boldsymbol{u} = sh\eta_1/|\eta_1|$ mit h als Abstand eines Punktes von K_1. Die Ebene K_2 ist unter denen, die K_1 schneiden, dadurch ausgezeichnet, daß sie unverzerrt in K_2' übergeht (sog. 2. Kreisschnittebene), wobei $s = 2\tan(\pi/2 - 2\varphi)$ gilt (b). η_2 ist die einzige Richtung in K_2, die vor und nach Zwillingsbildung den gleichen Winkel mit einer beliebigen Richtung in K_1 einschließt.

Tabelle 11.1
Elemente mechanischer Zwillingsbildung einiger Kristalle

BRAVAIS-Gitter	Strukturtyp	Vertreter	K_1	η_1	K_2	η_2	s
kubisch-flächen-zentriert	Cu-Typ (A 1)	Cu	111	$11\bar{2}$	$11\bar{1}$	112	0,707
	Diamant-Typ (A 4)	Ge			s. o.		
	NaCl-Typ (B 1)	PbS	113	$11\bar{1}$	$11\bar{1}$	113	0,354
	ZnS (Zinkblende) Typ (B 3)	ZnS, GaSb, InSb	111	$11\bar{2}$	123	$41\bar{2}$	0,408
kubisch-raum-zentriert	W-Typ (A 2)	α-Fe, Cr, Mo, W, Nb	112	$11\bar{1}$	$11\bar{2}$	111	0,707
tetragonal-raumzentriert	$MoSi_2$-Typ ($C11_b$)	WSi_2	113				
	β-Sn-Typ (A 5)	β-Sn	301	$\bar{1}03$	$\bar{1}01$	101	0,119
	In (A 6)	In	101	$10\bar{1}$	$\bar{1}01$	101	0,150
einfach-tetragonal	Rutil-Typ (C 4)	TiO_2	101	$\bar{1}01$	$\bar{1}01$	101	0,908
			101	$\bar{3}01$	$\bar{3}01$	101	0,190
		SnO_2	101	$\bar{3}01$	$\bar{3}01$	101	0,265
hexagonal	Mg-Typ (A 3)	Cd					0,17[1])
		Be					0,199
		Mg	$10\bar{1}2$	$10\bar{1}1$	$\bar{1}012$	$10\bar{1}1$	0,131
		Zn					0,139
		Ti					0,167

[1]) Allgemein ist $s = a[(c/a)^2 - 3]/\sqrt{3}c$ bei $K_1 = (10\bar{1}2)$, $s = a/c$ bei $K_1 = (11\bar{2}1)$ und $s = 3a/c$ bei $K_1 = (10\bar{1}1)$, wo c/a das Achsenverhältnis der hexagonalen Elementarzelle bedeutet.

Tab. 11.1. (Fortsetzung)

BRAVAIS-Gitter	Strukturtyp	Vertreter	K_1	η_1	K_2	η_2	s
hexagonal		Ti	$11\bar{2}1$	$11\bar{2}\bar{6}$	0001	$11\bar{2}0$	0,638
			$11\bar{2}2$	$11\bar{2}\bar{3}$	$11\bar{2}\bar{4}$	$22\bar{4}3$	0,225
		Mg	$10\bar{1}1$	$\bar{1}012$	0001	$10\bar{1}0$	1,066
	$MgZn_2$-Typ	$MgZn_2$	$11\bar{2}1$	$11\bar{2}\bar{6}$	0001	$11\bar{2}0$	0,61
	(C 14)		$10\bar{1}1$	$\bar{1}012$	0001	$10\bar{1}0$	1,06
	Graphit-Typ (A 9)	C	$11\bar{2}1$	$11\bar{2}\bar{6}$	0001	$11\bar{2}0$	0,367
trigonal	As-Typ (A 7)	As					0,256
		Sb	$\bar{1}012$	$10\bar{1}1$	$10\bar{1}1$	$\bar{1}012$	0,146
		Bi					0,118
	α-Al_2O_3-Typ	α-Al_2O_3	0001	$02\bar{2}1$	$02\bar{2}1$	0001	0,635
	($D5_1$)	(Korund)					
		α-Al_2O_3	$10\bar{1}1$	$\bar{1}012$	$\bar{1}012$	$10\bar{1}1$	0,202
		(Saphir)					
	Hg-Typ (A 10)	Hg	$\sim \bar{1}\bar{3}5$	$\bar{1}21$	$\bar{1}11$	$\sim 0\bar{1}1$	0,633
	$CaCO_3$-Typ	$CaCO_3$	$\bar{1}012$	$10\bar{1}1$	$10\bar{1}1$	$\bar{1}012$	0,693
	(GO_1)	(Kalkspat)					
rhombisch-einseitig-flächenzentriert	Ga-Typ (A 11)	Ga	110	$1\bar{1}0$			
	α-U-Typ	α-U	130	$3\bar{1}0$	$1\bar{1}0$	110	0,299
	(A 20)		~ 172	312	112	irr.	0,288
			112	irr.	~ 172	312	0,228
			121	~ 100	irr.	311	0,329
	Anhydrit-Typ	$CaSO_4$	101	$\bar{1}01$	$\bar{1}01$	101	0,228
	(HO_1)						

„irr." bedeutet irrationale Richtungen und Ebenen, die in einigen Fällen durch „~" angenähert werden können.

Tab. 11.1 (Fortsetzung)

BRAVAIS-Gitter	Strukturtyp	Vertreter	K_1	η_1	K_2	η_2	s
einfach-rhombisch	Aragonit-Typ (GO_3)	$CaCO_3$	110	$1\bar{3}0$	$1\bar{3}0$	110	0,130
monoklin-einseitig-flächenzentriert	Diopsid-Typ ($S4_1$)	$CaMgSi_2O_6$	001	100	100	001	0,564
triklin	Albit-Typ ($S6_8$)	$Na(AlSi_3O_8)$	010	001	001	010	0,142

verknüpft, wegen $||\mathbf{\Omega}|| = 1$ also ohne Volumenänderung. Da $\mathbf{\Omega}$ nicht symmetrisch ist, handelt es sich um eine reine Scherung mit anschließender Drehung von $\pi/2 - 2\varphi$ um x_2 (vgl. 2.2.3).

Mikroskopisch gilt die Homogenität nur für das BRAVAIS-Gitter, nicht jedoch für die Struktur. Die beobachteten kristallographischen Zwillingselemente nach Abb. 11.3 sind in Tab. 11.1 zusammengestellt. Sind K_1 und η_2 bezogen auf den unverformten Kristall rational, K_2 und η_1 aber nicht, heißt die Schiebung von erster Art, im umgekehrten Falle von zweiter Art. Oft sind alle vier Zwillingselemente rational.

Ein Kristallbereich heißt Zwilling zu einem über eine Fläche (Zwillingsgrenze) mit ihm verbundenen anderen, wenn seine Atomanordnung mit der des anderen durch eine der folgenden vier Transformationen zur Deckung gebracht werden kann ($\boldsymbol{a}_i'$ Elementarzelle des Zwillings).

a) $\boldsymbol{a}_i' = \boldsymbol{a}_i - 2(\boldsymbol{a}_i \cdot \boldsymbol{n}_z)\,\boldsymbol{n}_z$ (Spiegelung an K_1)

b) $\boldsymbol{a}_i' = 2(\boldsymbol{a}_i \cdot \eta_1/|\eta_1|)\dfrac{\eta_1}{|\eta_1|} - \boldsymbol{a}_i$ (Drehung von π um η_1)

(11.2)

c) $\boldsymbol{a}_i' = \boldsymbol{a}_i - 2(\boldsymbol{a}_i \cdot \eta_1/|\eta_1|)\dfrac{\eta_1}{|\eta_1|}$ (Spiegelung an Ebene $\perp \eta_1$)

d) $\boldsymbol{a}_i' = 2(\boldsymbol{a}_i \cdot \boldsymbol{n}_z)\,\boldsymbol{n}_z - \boldsymbol{a}_i$ (Drehung von π um $\boldsymbol{n}_z$).

(11.2a) und (11.2d) bzw. (11.2b) und (11.2c) sind nur dann identische Operationen für die Kristallstruktur, wenn diese ein Symmetriezentrum aufweist. (11.2a) und (11.2d) entsprechen Schiebungen erster Art, die anderen beiden Schiebungen zweiter Art.

Ein Gittervektor $\boldsymbol{R}' = u'\boldsymbol{a}_1' + v'\boldsymbol{a}_2' + w'\boldsymbol{a}_3'$ im Zwilling ist mit $\boldsymbol{R} = u\boldsymbol{a}_1 + v\boldsymbol{a}_2 + w\boldsymbol{a}_3$ vor der Zwillingsbildung durch

$$\boldsymbol{R}' = \boldsymbol{R} + s(\boldsymbol{R} \cdot \boldsymbol{n}_z)\,\frac{\eta_1}{|\eta_1|} \qquad (11.3)$$

verbunden. Die Schiebung beträgt (vgl. Abb. 11.3)

$$s \frac{\eta_1}{|\eta_1|} = -2 \left(\frac{(\eta_2/|\eta_2|)}{(\eta_2 \cdot n_z)/|\eta_2|} - n_z \right), \tag{11.4}$$

hat also die Größe $s = 2\sqrt{[\eta_2^2/(\eta_2 \cdot n_z)^2] - 1}$ oder $s = 2 \cot 2\varphi$.

Im Unterschied zur Gleitung wird mechanische Zwillingsbildung durch Verrückungen $\boldsymbol{u}$ realisiert, die i. allg. ein irrationaler Teil des Gittervektors der betreffenden Richtung sind.

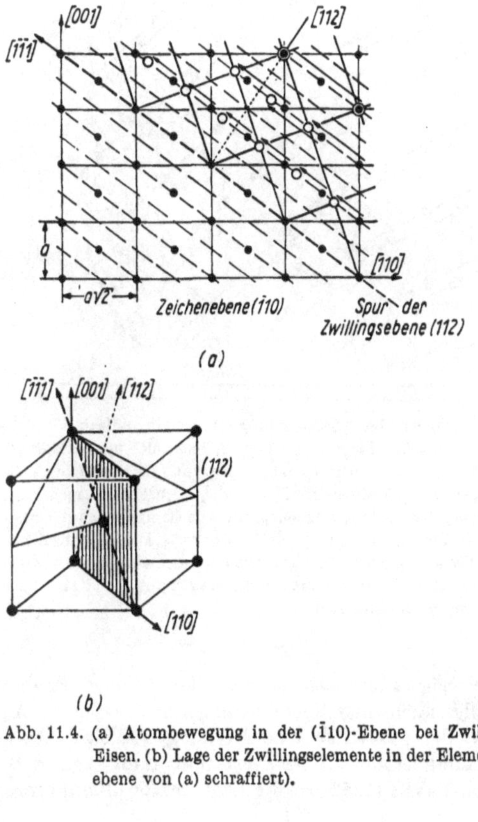

Abb. 11.4. (a) Atombewegung in der (1̄10)-Ebene bei Zwillingsbildung in α-Eisen. (b) Lage der Zwillingselemente in der Elementarzelle (Zeichenebene von (a) schraffiert).

Darüber hinaus erfordert Zwillingsbildung die Verschiebung der jeweils angrenzenden Netzebenen mit (Abb. 11.4). Wenn der Kristall eine nichtprimitive Elementarzelle besitzt, kann durch homogene Schiebung die exakte Zwillingslage aller Atome nicht erreicht werden (FRIEDEL 1926). Falls die einzelnen Atome nicht als Kugeln idealisiert werden können (z. B. eine Vorzugsrichtung durch magnetische Momente aufweisen), ist das in keinem Falle

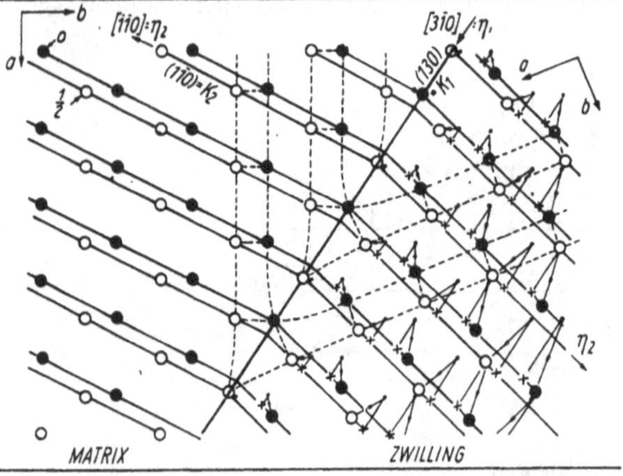

Abb. 11.5. Atombewegungen bei (130)-Zwillingsbildung in α-Uran. Projektionsebene ist (001). Die weißen Atome befinden sich um $c/2$ über der Ebene der schwarzen. Die Punkte rechts von (130) bezeichnen die Atomlagen vor der Zwillingsbildung, die Kreuze die Lagen nach Ausführung der Zwillingsschiebung, und die Kreise geben die Endlagen der Atome an, die durch eine Transformation (11.2a) aus denen der Matrix hervorgehen. In unmittelbarer Nachbarschaft der Zwillingsgrenze sind die Atome auch in der Matrix aus der idealen Lage verschoben (nach CAHN 1953)

möglich. Zum Verrückungsvektor $\boldsymbol{u}_n$ des n-ten Atomes parallel zu η_1 muß i. allg. noch eine Verschiebung $\boldsymbol{w}_n$ parallel zu K_2 addiert werden, der zusätzlich eine Drehung um eine Achse durch den Atommittelpunkt überlagert sein kann (vgl. z. B. Abb. 11.5). Nach LAVES (1952) ist die Lage der Zwillingsgrenze durch $\sum_{n=0}^{N} \boldsymbol{w}_n = 0$ und $\sum_{n=0}^{N} |\boldsymbol{w}_n| = \text{Min.}$ festgelegt. Empirisch wird für α-U (Abb. 11.5), aber auch für Sn, Mg und andere $(1/N) \sum_{n=0}^{N} |\boldsymbol{w}_n|/r \approx 0{,}2$ gefunden, d. h., die mittlere inhomogene Verschiebung pro Atom beträgt etwa 1/5 des kürzesten Atomabstandes r.[1])

Unter den geometrisch möglichen Zwillingsmechanismen werden anscheinend die mit kleinster Schiebung s bevorzugt. In einfachen Fällen läßt sich aus der Ungleichung $(s^2 + 4)/\boldsymbol{R}_0^2 \geqq 4/n^2d^2$ die Zwillingsebene eines Gitters mit kürzestem Gittervektor $\boldsymbol{R}_0$ voraussagen ($n = 1, 2, \ldots$; d Netzebenenabstand $\perp K_1$, s meist $\leqq 1$), wenn man beachtet, daß K_1 keine Spiegelebene des unverformten Kristalls sein darf und n klein ist.

11.1.2. Zwillingsversetzungen

Wie beim Gleitvorgang (vgl. 3.2.12.1) sind auch bei der Zwillingsbildung die tatsächlich erforderlichen Spannungen erheblich kleiner als die erwarteten. Das führt ebenfalls zu einer versetzungstheoretischen Vorstellung von Keimbildung und Ausbreitung der Zwillinge.

Zunächst sei der Begriff der Zwillingsversetzung nachgetragen. Eine Zwillingskonfiguration kann als dichte Folge von Stapelfehlern (vgl. 3.3.8) aufgefaßt werden (s. Abb. 11.6a). Dabei muß im allgemeinen (besonders bei komplizierten Strukturen) der Begriff des Stapelfehlers dahingehend erweitert werden, daß eine Stapelschicht neben der üblichen starren Verschiebung eine Veränderung im Innern durch kleine Atombewegungen erfährt. Endet die Zwillingsebene an einer Stelle im Kristall (Abb. 11.6b), dann kann der entstandene Zustand nach Frank, van der Merwe durch eine Zwillingsversetzung

[1]) Für eine eingehendere Untersuchung der inhomogenen Verschiebungen vgl. auch Christian.

beschrieben werden. Eine bessere Übersicht erhält man, wenn die 2. Kreisschnittebene K_2 eingezeichnet wird (Abb. 11.7a). Offenbar handelt es sich nicht um eine einfache Versetzung, da der Netzebenenzusammenhang erhalten bleibt (Versetzung 2. Ordnung nach FRANK, VAN DER MERWE). Die Projektion auf eine

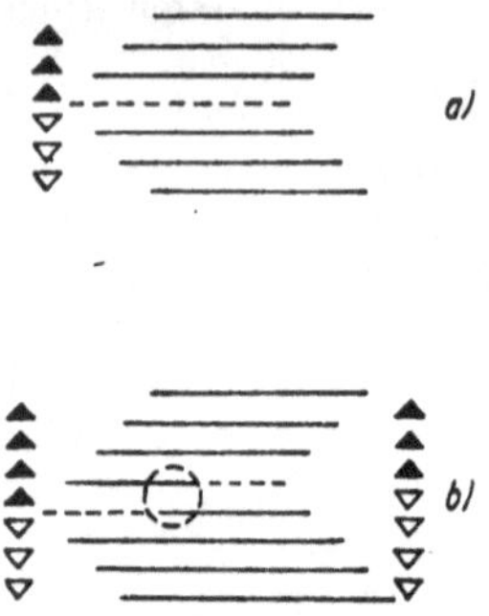

Abb. 11.6. (a) Stapelfolge in der Umgebung einer Zwillingsgrenze (gestrichelt). (b) Übergang der Zwillingsgrenze in eine benachbarte Netzebene

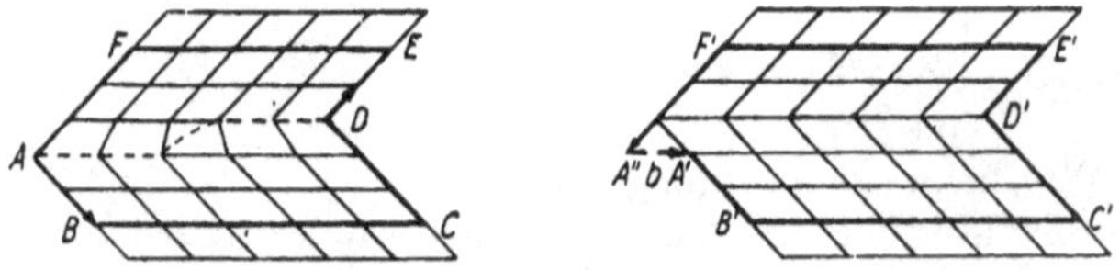

(a) (b)

Abb. 11.7. (a) Schematische Darstellung des Netzebenen-Zusammenhangs in der Umgebung einer Zwillingsversetzung, (b) Versetzung aus dem Kristall ausgewandert. Der Schließungsfehler des in (a) eingezeichneten Umlaufs ist der BURGERS-Vektor **b**.

Ebene parallel zur Zwillingsebene zeigt, daß $(n + 1)$ Elementarzellen oberhalb der gestrichelten Ebene n Zellen unterhalb gegenüberstehen. In größerer Entfernung von der Zwillingsebene tritt Relaxation der elastischen Verformung des Oberteils auf.

Läuft eine Zwillingsversetzung durch den Kristall, dann wird ein Gebiet vom Umfang einer Stapelschicht in die Zwillingsstellung überführt (Abb. 11.7b). Die Versetzung ist nach zwei Seiten an ein Stapelfehlerband geknüpft und daher nur in dieser Ebene beweglich.

In Anlehnung an 3.2.1 kann ihr ein BURGERS-Vektor zugeordnet werden, der die Verschiebung einer Stapelschicht parallel zur benachbarten angibt. Der Umlauf ABCDEFA verläuft ganz im guten Gebiet und beginnt auf der Zwillingsgrenze. Der Schließungsfehler des Umlaufs im zugehörigen Bildkristall (Versetzung ausgewandert, alle Atome in exakter Zwillingsstellung, Abb. 11.7b) ist der BURGERS-Vektor. Er liegt parallel zu K_1. Sein Betrag unterscheidet sich i. allg. von der Identitätsperiode in Richtung η_1. Im Gegensatz zu gewöhnlichen Versetzungen ist hier b vom Abstand der Netzebenen d senkrecht zu K_1 abhängig; er wächst mit d. Die Fehlordnungsenergie in Nähe der Zwillingsgrenze nimmt andererseits mit abnehmendem b zu. Aus dem Wechselspiel beider Anteile resultiert ein BURGERS-Vektor.

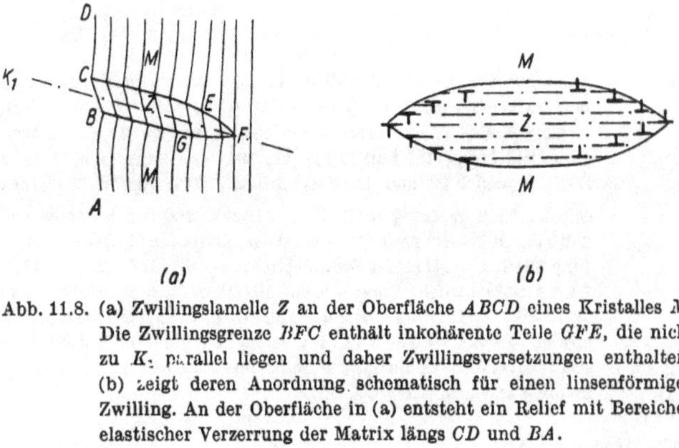

Abb. 11.8. (a) Zwillingslamelle Z an der Oberfläche $ABCD$ eines Kristalles M. Die Zwillingsgrenze BFC enthält inkohärente Teile GFE, die nicht zu K_1 parallel liegen und daher Zwillingsversetzungen enthalten. (b) zeigt deren Anordnung schematisch für einen linsenförmigen Zwilling. An der Oberfläche in (a) entsteht ein Relief mit Bereichen elastischer Verzerrung der Matrix längs CD und BA.

Experimentelle Untersuchungen zeigen Zwillinge vorzugsweise als zungen- oder linsenförmige Gebilde (z. B. Abb. 11.8), d. h. mit streckenweise inkohärenten Zwillingsgrenzen. Diese ihrerseits enthalten n_v Zwillingsversetzungen, die im Innern des Zwillings (Länge l, Dicke h) eine Schubspannung $\tau \approx n_v Gb/2l$ hervorrufen. Da τ bei der Zwillingsbildung bereitgestellt werden muß, ergibt sich $h/l \approx 2\tau/sG$. Zwillinge mit hoher Schiebung s sind schlanker als die mit kleiner.[1])

Die Ausbreitung der Zwillinge erfolgt mit hohen Geschwindigkeiten. In Fe wurden z. B. $\sim 2{,}5 \cdot 10^3$ m/s gemessen. Dabei können Schallwellen im Hörbereich emittiert werden („Zinngeschrei“).

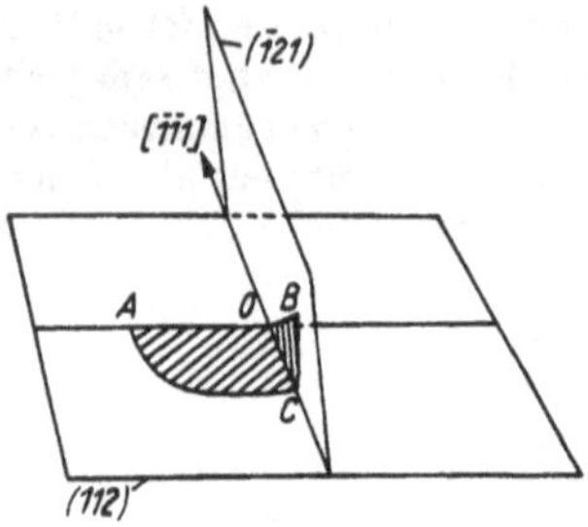

Abb. 11.9. Versetzungsmodell der Zwillingsbildung nach einem Polmechanismus im W-Typ. Eine in der (112)-Ebene liegende vollständige Versetzung $\boldsymbol{b} = (1/2)\,[\bar{1}\bar{1}\bar{1}]$ spaltet zwischen A und O in zwei Teilversetzungen $(1/3)\,[\bar{1}\bar{1}\bar{2}]$ und $(1/6)\,[\bar{1}\bar{1}1]$ auf, von denen $(1/6)\,[\bar{1}\bar{1}1]$ in (112) beweglich ist und den Stapelfehler ACO begrenzt. Das Stück $\overline{OC}$ der Teilversetzung $(\boldsymbol{a}/6)\,[\bar{1}\bar{1}1]$ besitzt Schraubencharakter und kann durch Bewegung in $(\bar{1}21)$ um 0 den Kristall in die Zwillingsstellung überführen. $[\bar{1}\bar{1}1]$ ist Zwillingsrichtung (η_1) für (112) und $(\bar{1}21)$. Da die unbewegliche Polversetzung AO über einen Schraubenanteil senkrecht zu $(\bar{1}21)$ vom Betrag $|(1/6)\,[\bar{1}21]|$, d. h. dem Netzebenenabstand der $\{\bar{1}21\}$-Ebenen verfügt, gelangt OB bei ihrer Rotation aus einer $(\bar{1}21)$-Ebene in die nächste und kann so einen dreidimensionalen Zwilling erzeugen (nach Cottrell, Bilby)

Detaillierte Versetzungsmechanismen zur Erklärung der Keimbildung eines Zwillings beruhen hauptsächlich auf der Idee eines Polmechanismus (vgl. Abb. 11.9), der ursprünglich von Cottrell und Bilby für Kristalle vom W-Typ angegeben, inzwischen aber auf andere Strukturen sinngemäß übertragen worden ist. Zuver-

[1]) In manchen Kalkspaten, Plagioklasen und anderen Mineralien werden Lamellen von Zwillingen beobachtet, die submikroskopisch dünn und nur als dichte Zwillingsstreifung erkennbar sind.

lässige experimentelle Bestätigungen fehlen indessen noch. Gelegentlich wird über Beobachtungen berichtet, die mit einer homogenen Keimbildung aus dem ungestörten Kristall vereinbar sind, d. h., daß die Zwillingsversetzungen an der Zwillingsgrenze direkt durch die äußere Spannung erzeugt werden.

11.1.3. Energiekriterium

Im äußeren Spannungsfeld $\boldsymbol{\sigma}$ setzt sich die Energiedichte v des Kristalls in linearer Näherung aus der elastischen Verzerrungsenergie $(1/2)\,\boldsymbol{\sigma}:\boldsymbol{\epsilon}^e$ und der potentiellen Energie $-\boldsymbol{\sigma}:\boldsymbol{\epsilon}$ ($\boldsymbol{\epsilon}$ Gesamtverzerrung) zusammen. Es ist also $v = (1/2)\,\boldsymbol{\sigma}:\boldsymbol{\epsilon}^e - \boldsymbol{\sigma}:\boldsymbol{\epsilon}$. Vor Eintritt der Zwillingsbildung ist $\boldsymbol{\epsilon} = \boldsymbol{\epsilon}^e$ und die Energiedichte beträgt $v' = -(1/2)\,\boldsymbol{\sigma}:\boldsymbol{\epsilon}^e = -(1/2)\,\mathbf{S}' \,\vdots\, \boldsymbol{\sigma\sigma}$ (vgl. Fußn. 2, S. 34/I). Danach ist die Arbeit der Zwillingsverzerrung $\boldsymbol{\epsilon}^z$ hinzuzufügen, es wird also $v'' = -\boldsymbol{\sigma}:\boldsymbol{\epsilon}^z - (1/2)\,\mathbf{S}'' \,\vdots\, \boldsymbol{\sigma\sigma}$. Wenn $\Delta v \equiv v' - v'' > 0$ mit

$$\Delta v = \boldsymbol{\sigma}:\boldsymbol{\epsilon}^z + \frac{1}{2}\,(\mathbf{S}'' - \mathbf{S}') \,\vdots\, \boldsymbol{\sigma\sigma}, \qquad (11.5)$$

ist Zwillingsbildung mit Energiegewinn verbunden, vorausgesetzt, die Grenzflächenenergiebeträge können vernachlässigt werden. Die Tensoren der elastischen Konstanten $\mathbf{S}'$ und $\mathbf{S}''$ unterscheiden sich i. allg. wegen der Orientierungsunterschiede von Matrix und Zwilling. Bei kleinen Spannungen überwiegt der in $\boldsymbol{\sigma}$ lineare Term von (11.5). Die in Fußn. 2, S. 121 erwähnte Zwillingsbildung ohne Formänderung wird dagegen durch $\boldsymbol{\epsilon}^z = 0$ und damit durch einen in $\boldsymbol{\sigma}$ quadratischen (vom Vorzeichen unabhängigen) Ausdruck beschrieben.

11.2. Martensitische Umwandlung

11.2.1. Merkmale

Formänderung durch Änderung der Kristallstruktur ohne Änderung der chemischen Zusammensetzung liegt bei einer Gruppe von Phasenumwandlungen vor, die als martensitisch bezeichnet werden. Sie können bei Abkühlung unterhalb einer substanzabhängigen Temperatur M_s beobachtet werden. Die Umwandlung ist bei $T = M_f < M_s$ beendet[1]) und verläuft reversibel. Beim Aufheizen wird die Ausgangsphase im Intervall $A_s \leqq T \leqq A_f$

Tabelle 11.2
Beispiele martensitischer Phasenumwandlungen

Matrix	Martensit-Phase	Substanz
W-Typ (A2)	Mg-Typ (A3)	Li, Ti, Na, Hf, Tl, Zr
Cu-Typ (A1)	Mg-Typ (A3)	Co, Fe – Cr – Ni
Cu-Typ (A1)	Martensit-Typ (L_2')	Fe – C (> 0,1 Gew.% C)
Cu-Typ (A1)	Indium-Typ (A6)	In-(18,5⋯20,7 At.%) Tl
W-Typ (A2)	Cu-Typ (A1)	Cu-22,5 At.% Al; Cu – Al – Sn
BiF_3-Typ (DO_3)	$TiAl_3$-Typ (DO_{22})	Cu-24.4 At.% Al
CsCl-Typ (B2)	CuAu-Typ ($L1_0$)	Cu-61,6 Gew.% Zn
$CaTiO_3$-Typ ($E2_1$)	*)	$BaTiO_3$
Cr_3Si-Typ (A15)	*)	V_3Si, Nb_3Sn, V_3Ga, $Nb_3Ge_{0,25}Al_{0,75}$
monoklin	tetragonal	ZrO_2

*) tetragonal verzerrt

zurückgebildet. Im allgemeinen besitzt die martensitische Phase die niedrigere Kristallsymmetrie. Weitere Kennzeichen wurden zu Beginn von Teil 11 angegeben.

Die Umwandlung verdankt ihren Namen einer beim Abkühlen von Stahl auftretenden Transformation des Austenits (kubisch-flächenzentriertes Gitter) in Martensit (tetra-

[1]) Beispiele: Fe – 0,2% C: $M_s = 410\,°C$, $M_f = 300\,°C$; Fe – 1,0% C: $M_s = 190\,°C$, $M_f = -100\,°C$. Ti – 55%Ni : $A_s = 35\,°C$, $A_f = 75\,°C$, $M_s = 25\,°C$, $M_f = -25\,°C$.

gonal-raumzentriert) (s. Abb. 11.11), die eine technisch sehr bedeutsame Festigkeitssteigerung des Stahls hervorruft. Für eine Reihe weiterer Beispiele vgl. Tab. 11.2 (s. auch Warlimont, Delaey).

Die Gesamtdeformation eines umgewandelten Kristallbereiches läßt sich in drei Anteile zerlegen. Dies sind eine

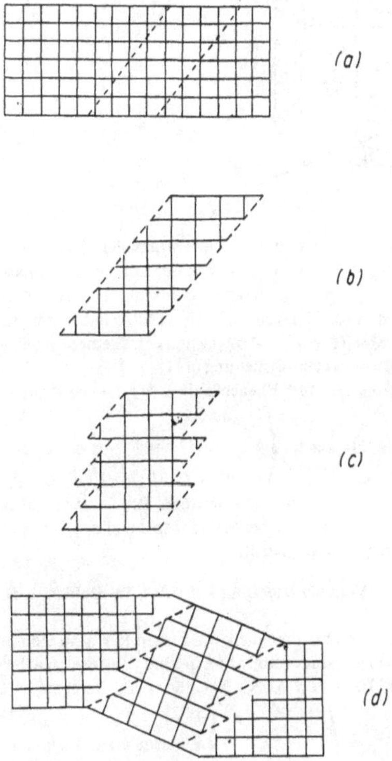

Abb. 11.10. Zur Gestaltänderung bei Martensitumwandlung. Ein plattenförmiger Bereich eines Kristalls (a) erfährt eine Dehnung **D** (b). Durch anschließende Gleitung $\bar{\mathbf{S}}$ (c) ändert sich die Orientierung der Plattenbegrenzung derart, daß nach einer Rotation $\boldsymbol{\omega}$ der Zusammenhang mit der Matrix makroskopisch erhalten bleiben kann (d).

reine Dehnung[1]) (Matrix **D**), eine einfache Scherung $\bar{\mathrm{S}}$[2]) und eine reine Drehung $\boldsymbol{\omega}$ (s. auch Abb. 11.10). Ein Vektor $\boldsymbol{R}'$ der Martensitphase ist mit $\boldsymbol{R}$ der Ausgangsphase über

$$\boldsymbol{R}' = \boldsymbol{\omega} \cdot \bar{\mathrm{S}} \cdot \mathbf{D} \cdot \boldsymbol{R} \tag{11.6}$$

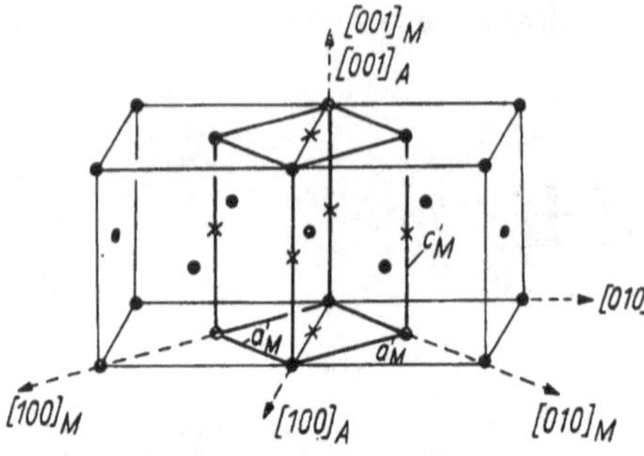

Abb. 11.11. Zur Transformation des Austenits (2 Elementarzellen dargestellt) in Martensit nach BAIN. Die Elementarzelle der tetragonalen Phase (stark ausgezogen) ist gegenüber der der kubischen gedreht. Ihre Kantenlängen nach der Dehnung **D** in (11.7) sind dann $a_M = (1 + \varepsilon)\, a_M'$ und $c_M = (1 - \varepsilon')\, c_M'$. Zwischen den Elementarzellen besteht die KURDJUMOV-SACHS-Beziehung $(1\bar{1}1)_A$ $(101)_M$ und $[101]_A \,\|\, [111]_M$. Richtungsindizes und Ebenenindizes der Martensitphase können mit Hilfe der Matrizen $\begin{pmatrix} 1 & \bar{1} & 0 \\ 1 & 1 & 0 \\ 0 & 0 & 1 \end{pmatrix}$ und $\frac{1}{2}\begin{pmatrix} 1 & \bar{1} & 0 \\ 1 & 1 & 0 \\ 0 & 0 & 2 \end{pmatrix}$ aus denen des Austenits berechnet werden. Die Punkte geben die Lage der Fe-Atome an. Kreuze bezeichnen mögliche C-Lagen in der Elementarzelle von Martensit.

---

[1]) Die Umwandlung ist also von Volumenänderung begleitet, in Stählen z. B. von $\approx 4\%$.

[2]) Neben Gleitung ist auch Zwillingsbildung möglich, um makroskopische Homogenität zu wahren. Zu beobachten sind dann abwechselnd Martensitplatten $\mathbf{D}_1$ und $\mathbf{D}_2$. Im Falle von In – 20,7 At.% Tl sind z. B. Bereiche mit $\mathbf{D}_1 = \begin{pmatrix} -\varepsilon & 0 & 0 \\ 0 & -\varepsilon & 0 \\ 0 & 0 & 2\varepsilon \end{pmatrix}$ und $\mathbf{D}_2 = \begin{pmatrix} -\varepsilon & 0 & 0 \\ 0 & 2\varepsilon & 0 \\ 0 & 0 & -\varepsilon \end{pmatrix}$ näherungsweise zueinander in Zwillingsstellung. Im Mittel stellt $\mathbf{D} = \xi \mathbf{D}_1 + (1 - \xi)\, \mathbf{D}_2 = \begin{pmatrix} -\varepsilon & 0 & 0 \\ 0 & \varepsilon & 0 \\ 0 & 0 & 0 \end{pmatrix}$ für einen Volumenanteil $\xi = 1/3$ der ersten Orientierung praktisch eine reine Scherung dar.

verknüpft. Die Hauptdeformationen λ_i und die Hauptachsenrichtungen der Verformungsschritte von Abb. 11.10 (b) und (c) $\tilde{\mathbf{S}} \cdot \mathbf{D} \equiv \mathbf{F}$ folgen aus $||\tilde{\mathbf{F}}\mathbf{F} - \lambda^2\mathbf{1}|| = 0$.

Im Falle der Umwandlung Austenit (A)-Martensit(M) ist z. B. (vgl. Abb. 11.11)

$$\mathbf{D} = \begin{pmatrix} \varepsilon & 0 & 0 \\ 0 & \varepsilon & 0 \\ 0 & 0 & -\varepsilon' \end{pmatrix} \tag{11.7}$$

mit $\varepsilon = \left(a_M\sqrt{2} - a_A\right)/a_A \approx 0{,}12$ und $-\varepsilon' = (c_M - a_A)/a_A \approx -0{,}20$ (a, c Gitterkonstanten). Oftmals sind die Verzerrungen noch sehr viel kleiner. Wie bei der Zwillingsbildung machen sich zusätzlich zu (11.6) noch kleine Atomverschiebungen erforderlich. Weiterhin ist die Form des umgewandelten Kristallbereiches vorzugsweise plattenähnlich. Die Plattenebene heißt Habitusebene.[1]) Matrix und martensitische Phase sind durch definierte Orientierungsbeziehungen gekennzeichnet (Beispiel s. Abb. 11.11).

Auch Martensitbildung kann zu Fehlpassungsspannungen an den Phasengrenzen Anlaß geben, ähnlich den Verhältnissen bei Zwillingsbildung (Abb. 11.8) und wie nach Abb. 11.10 zu erwarten. Oft findet man indessen als Folge geeigneter Anordnung der Martensitphase teilweise oder vollständige Selbstkompensation dieser Spannungen, z. B. durch Zick-Zack-Anordnungen (‚burst'-Martensit), Paketanordnungen (Massiv-Martensit) u. a. (vgl. auch Fußn. 2, S. 136). Derartige Anordnungen zeichnen sich durch minimale Änderung der makroskopischen Gestalt aus. Die Plattengrenzen innerhalb eines Paketes sind Spiegelebenen der Martensit- und der Matrixstruktur.

11.2.2. *Umwandlung unter äußerer Spannung*

Die mechanischen Eigenschaften fester Körper werden von Martensitumwandlungen in mehrfacher Hinsicht tangiert. Bezüglich der verfestigenden Wirkung einer

---

[1]) Beispiele: Li (A2 → A3) $\{441\}_{A2}$, Ti $\{8\ 9\ 12\}$, Ti-Mn $\{334\}$, Ni-Stahl $\{111\}_A$, Fe-C $\{259\}_A$. Irrationale Habitusebenen werden oft durch rationale angenähert.

zweiten (hier martensitischen) Phase verweisen wir auf 7.1.2.3. Hier soll noch auf Folgen der Reversibilität des Phasenüberganges aufmerksam gemacht werden. Wir gehen von der Energiebilanz in der Form

$$(f_A - f_M)\,dV + (\bar{a}_M \tau_M + \varepsilon_M \sigma_M)\,dV > (\bar{a}_M \tau_i + \varepsilon_M \sigma_i)\,dV + \gamma_{GF} dA + \bar{a}_M \zeta dV \quad (11.8)$$

aus. Hierbei sind f_A und f_M die freie Energie/Volumen von Matrix (A) und Martensit (M); $\bar{a}_M$ und ε_M Scherung in und Längenänderung senkrecht zu der Martensitplattenebene, τ_M und σ_M die äußere Schub- und die Normalspannung derselben Ebene, τ_i und σ_i die entsprechenden inneren Spannungen, γ_{GF} die Grenzflächenenergie Martensit/Matrix, ζ die mit Fehlpassung in Grenzflächennähe verbundene Energie/Volumen, dV Volumenänderung der Martensitplatte, dA Grenzflächenänderung Martensit/Matrix. Die linke Seite von (11.8) enthält die bei Martensitbildung frei werdende Energie, die rechte die aufzuwendende.

Eine äußere Spannung (τ_M, σ_M) begünstigt den Phasenübergang besonders in Fällen starker Volumenänderung.[1]) Nach dem Vorgehen von Tas, Delaey, Deruyttere unterscheiden wir vier Formen der Einflußnahme spannungsinduzierter Phasenumwandlung auf die Spannungs-Dehnungs-Kurve. Dazu ist es zweckmäßig, die Temperatur M_d einzuführen als höchste Temperatur, bei der entsprechend (11.8) Martensitbildung unter äußerer Spannung noch möglich ist (f_A, f_M temperaturabhängig!). M_d kann deutlich über M_s liegen.

a) Elastischer Formgedächtnis-Effekt: Falls $M_d > A_f$, verschwindet die unter äußerer Spannung gebildete Martensitphase nach Entlasten wieder (vgl. Abb. 4.3, auch als Super- oder Ferroelastizität bezeichnet). Die vollständige Rückbildung kann unterschiedliche Ursachen

[1]) Natürlich sind auch innere Spannungen dazu in der Lage. Die Fehlpassungsspannungen der Martensitplatten z. B. können weitere Umwandlungen auslösen (autokatalytischer Prozeß der ‚burst'-Martensitbildung)

haben, je nachdem, welcher Anteil in (11.8) dominiert. Z. B. kann (11.8) nur für hohe äußere Spannungen befriedigt werden, die aber immer noch unter der Fließgrenze liegen; der Beitrag der Fehlpassung könnte dominieren und nach Entlasten für Rücktransformation sorgen usw. In jedem Falle „erinnert" sich der verformte Kristall seiner früheren Gestalt (Formgedächtnis-Effekt FGE). Die Hystereseverluste gehen auf Konto der rechten Seite von (11.8). In einzelnen Fällen ist ε erst nach Spannungsumkehr vollständig reversibel.

b) Irreversible Umwandlungsplastizität: Wird der Temperaturbereich der Phasenumwandlung unter konstanter Spannung überschritten, werden zusätzliche

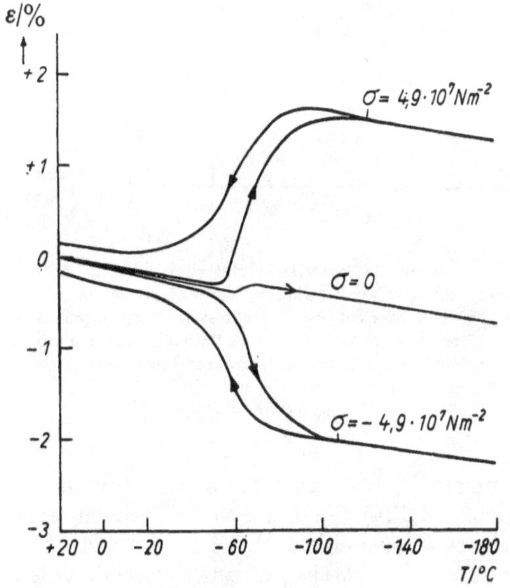

Abb. 11.12. (a) Längenänderung einer Cu-39,2 Gew.% Zn-Legierung bei Umwandlung unter Zug- und Druckspannung $\pm\sigma$ bzw. ohne Spannungseinwirkung. Der Umlauf in Pfeilrichtung über die Martensittemperatur hinweg endet mit einer irreversiblen Deformation, deren Betrag unabhängig vom Vorzeichen von σ mit $|\sigma|$ wächst (11.12 b).

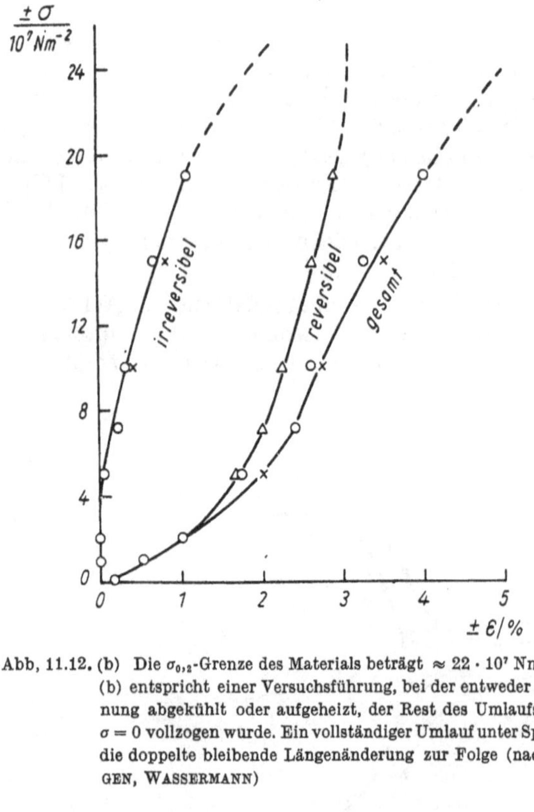

Abb, 11.12. (b) Die $\sigma_{0,2}$-Grenze des Materials beträgt $\approx 22 \cdot 10^7\ Nm^{-2}$. Teilbild (b) entspricht einer Versuchsführung, bei der entweder unter Spannung abgekühlt oder aufgeheizt, der Rest des Umlaufs jedoch bei $\sigma = 0$ vollzogen wurde. Ein vollständiger Umlauf unter Spannung hat die doppelte bleibende Längenänderung zur Folge (nach HORNBOGEN, WASSERMANN)

Längenänderungen in Richtung der äußeren Spannung beobachtet (Abb. 11.12a). Sie setzen sich aus einem reversiblen und einem irreversiblen Anteil zusammen (Abb. 11.12b). Der reversible Anteil geht auf reversible Orientierungsänderungen der Habitusebenen und der irreversible, die sog. Umwandlungsplastizität, auf die Wechselwirkung der äußeren Spannung mit den Fehlpassungs- (oder Akkomodations-) Spannungen zurück. Der Effekt ist in einer Reihe von Elementen und Legierungen nachgewiesen worden.

c) Plastischer Formgedächtnis-Effekt: Wird ein Kristall mit martensitischem Gefüge plastisch verformt, entlastet und anschließend über A_f erwärmt, nimmt er die ursprüngliche Gestalt wieder an (vgl. Abb. 11.13), solange die Formänderung bei tiefen Temperaturen durch Verschiebung von Martensit-Phasengrenzen allein erfolgt.

d) Zwei-Weg-Formgedächtnis-Effekt: Während c) aus der Martensitphase erfolgte, wird auch ein Formgedächt-

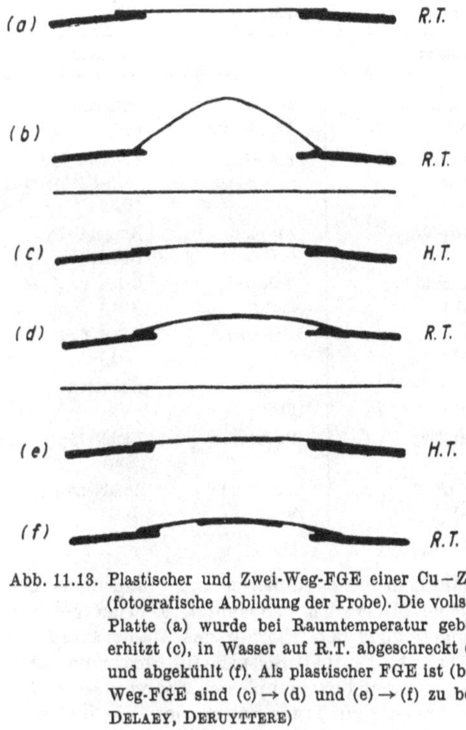

Abb. 11.13. Plastischer und Zwei-Weg-FGE einer Cu–Zn–Al–Ni-Legierung (fotografische Abbildung der Probe). Die vollständig martensitische Platte (a) wurde bei Raumtemperatur gebogen (b), auf 200 °C erhitzt (c), in Wasser auf R.T. abgeschreckt (d), erneut erhitzt (e) und abgekühlt (f). Als plastischer FGE ist (b) → (c) und als Zwei-Weg-FGE sind (c) → (d) und (e) → (f) zu bezeichnen (nach Tas, Delaey, Deruyttere)

nis aus der ‚Austenit'-Phase beobachtet (Abb. 11.13), das jedoch sehr unvollständig und löschfähig ist. Die hochsymmetrische Hochtemperaturphase bietet für die Martensit-Phase zahlreiche Anordnungsmöglichkeiten. Diese ihrerseits werden je nach Richtung innerer Spannungen (Versetzungen usw.) unterschiedlich genutzt. Das erklärt die Gestaltänderung. Eine äußere Spannung kann andererseits sehr leicht eine Umlagerung der inneren Spannungsquellen auslösen und den Effekt unterdrücken. Im Gegensatz dazu läuft der plastische FGE auch gegen den Widerstand äußerer Spannung ab.

Tabelle 11.3
Phasenumwandlungen beim Schleifen und Mahlen

Ausgangsphase	Struktur	Endphase	Struktur
Kaolinit $Al_2(OH)_4Si_2O_5$	Nakrit-Typ ($S5_4$)	Mullit $3Al_2O_3 \cdot 2SiO_2$	Sillimanit-Typ (SO_3)
Böhmit γ-AlO(OH)	γ-FeO(OH)-Typ (EO_4)	γ-Al_2O_3 + α-Al_2O_3	Spinell-Typ ($H1_1$) + α-Korund-Typ ($D5_1$)
Kalkspat $CaCO_3$	Calcit-Typ (GO_1)	Aragonit $CaCO_3$	Aragonit-Typ (GO_2)
Aragonit $CaCO_3$	Aragonit-Typ (GO_2)	Kalkspat $CaCO_3$	Calcit-Typ (GO_1)
Vaterit $CaCO_3$	hex.	Kalkspat $CaCO_3$	Calcit-Typ (GO_1)
Lithargit PbO	(B10)	Bleiglätte PbO	rhombisch
Plattnerit PbO_2	Rutil-Typ (C4)	PbO_2	Niobit-Typ ($E5_1$)
Wurtzit ZnS	Wurtzit-Typ (B4)	Zinkblende ZnS	Zinkblende-Typ (B3)

Phasenumwandlungen unter äußeren Spannungen werden auch an zahlreichen Mineralien beobachtet. Hierher gehören auch Beobachtungen über den Einfluß des Mahlens auf die Kristallstruktur. Tab. 11.3 enthält Beispiele für Phasenumwandlungen unter diesen zweifellos komplexen Spannungsverhältnissen. Darunter finden sich Transformationen, die im kompakten Kristall bei Ausschluß hoher Schubspannungskomponenten nur unter hohen hydrostatischen Drücken und/oder bei hohen Temperaturen ablaufen.

11.2.3. Mikroskopische Prozesse

Die Scherung, mit der martensitische Umwandlung einhergeht (vgl. 11.2.1.), wird ähnlich den Verhältnissen bei Zwillingsbildung (vgl. 11.1.2.) durch Versetzungsbewegung realisiert, deren direkter Nachweis allerdings schwierig ist. Eine Reihe von Modellvorstellungen hierzu konnten daher noch nicht verifiziert werden, so daß wir auf eine eingehendere Darstellung verzichten. Hingewiesen sei nur auf die enge Beziehung zur Stapelfehlerbildung. Kobalt erfährt beispielsweise eine Umwandlung (Tab. 11.2) vom Cu- in den Mg-Typ. Die Verwandtschaft der beiden Strukturen (vgl. PAUFLER, LEUSCHNER) kommt in der Stapelfolge zum Ausdruck, die durch die Stapeloperatoren $\triangle \equiv (1/6)\,[11\bar{2}] + (1/3)\,[111]$ und $\triangledown \equiv -(1/6)\,[11\bar{2}] + (1/3)\,[111]$ in der Form $\triangle\triangle\triangle\triangle \ldots$ (Cu-Typ) und $\triangle\triangledown\triangle\triangledown \ldots$ (Mg-Typ) dargestellt werden kann. Es muß also in jeder zweiten Schicht der Operator $\triangle$ durch $\triangledown$ ersetzt werden, was einer homogenen Scherung in einer $\langle 112 \rangle$-Richtung mit einer Abgleitung

$$\bar{a}_M \equiv \tan \delta = \frac{s}{2d} = \frac{\frac{1}{6}\,|[11\bar{2}]|}{\frac{2}{3}\,|[111]|} = 0{,}354 \qquad (11.9)$$

gleichkommt, bzw. einem Scherwinkel $\delta \approx 20°$. Da der Umwandlungsprozeß auf jeder der vier $\{111\}$-Flächen des Cu-Typs (Netzebenenabstand d_{111}) einsetzen kann, zerfällt bei ihm gewöhnlich ein kubischer Einkristall in eine Vielzahl von hexagonalen Kristallen. Auch hier läßt sich ein Polmechanismus der Keimbildung analog Abb. 11.9 angeben (vgl. SEEGER 1958).

12. Stoßwellen

Die Diskussion des Spannungs-Dehnungs-Verhaltens fester Körper erfolgte bisher ohne nähere Untersuchung des Einschaltvorganges der Spannung. In einer Reihe praktisch wichtiger Situationen ist die Näherung quasistatischer Lastaufbringung nicht mehr brauchbar, und die „statischen" Materialkennwerte bedürfen der Korrektur. Beispiele finden sich bei Problemen der Ballistik, der Explosiv- und Magnetumformung, der Wirkung von Meteoritenschlag, des Überschallflugverkehrs usw..

In allen Fällen treten Stoßwellen auf, deren Eigenschaften und deren Bezug zum bisher erörterten Verformungsverhalten kurz angegeben werden sollen. Für ausführlichere Darstellungen sei auf KINSLOW; DORAN, LINDE; ALTSHULER; JOHNSON verwiesen.

12.1. Eigenschaften

Eine Stoßwelle ist eine sich mit der Geschwindigkeit u_s größer als die Schallgeschwindigkeit v ausbreitende schmale Zone mit sprunghaftem Anstieg der Dichte ϱ, der Spannung σ und der Teilchengeschwindigkeit u_p. Sie wird im Festkörper durch den Aufprall eines „Geschosses" mit Überschallgeschwindigkeit ausgelöst. Der Übergang vom Zustand des Mediums vor der Stoßwelle (Volumen V_0, Massendichte ϱ_0, Normalspannung σ_0, innere Energie U_0, Teilchengeschwindigkeit u_{p0}) in denjenigen hinter der Stoßfront (V_1, ϱ_1, U_1, u_{p1}) erfolgt innerhalb weniger Atomabstände. Das Profil u_p, gemessen über die zeitliche Änderung der Geschwindigkeit einer freien Oberfläche u_{fs}, kann z. B. die in Abb. 12.1 dargestellte Form besitzen. Aus den Erhaltungssätzen von

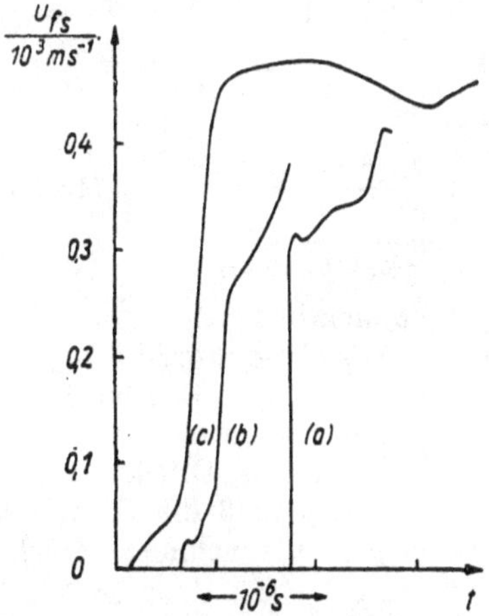

Abb. 12.1. Oberflächengeschwindigkeit u_{fs} von Be unter dem Einfluß von Stoßwellen. Welle (a) parallel zur c-Achse, (b) senkrecht dazu, (c) in polykristallinem Material (nach Taylor 1968). t Zeit

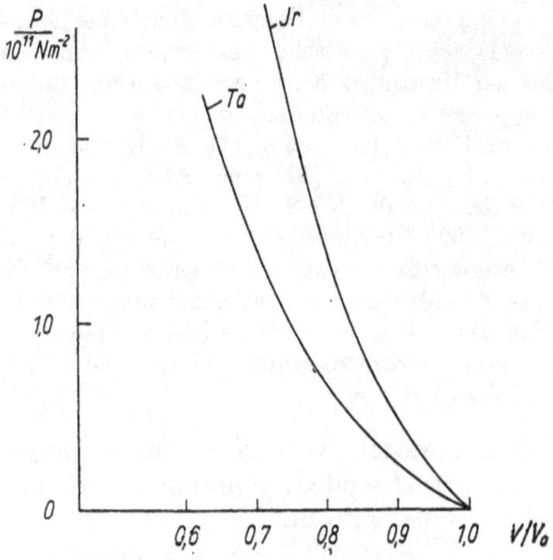

Abb. 12.2. $p(V)$ für Ta und Ir. Das Volumen wurde auf den Wert beim Druck Null bezogen (nach Doran, Linde)

Masse, Impuls und Energie folgt z. B.

$$U_1 - U_0 = \frac{1}{2} (\sigma_1 + \sigma_0) (V_0 - V_1), \quad (12.1a)$$

$$u_s = v_0 \sqrt{\frac{\sigma_1 - \sigma_0}{v_0 - v_1}}, \quad (12.1b)$$

$$u_p = \sqrt{(\sigma_1 - \sigma_0) (v_0 - v_1)} \quad (12.1c)$$

mit v_0, v_1 als spezifischen Volumina.

Der Zusammenhang $\sigma(V)$ heißt HUGONIOT-Linie und muß experimentell bestimmt werden (s. z. B. Abb. 12.2). Bei hohen Spannungen wird der Unterschied zwischen Normalspannung σ und hydrostatischem Druck p meist vernachlässigt, bei kleinen Werten p muß die Fähigkeit des Festkörpers, Schubspannungen aufzunehmen, berücksichtigt werden.

Die Verhältnisse seien am Beispiel von Silizium (Abb. 12.3) erläutert. Im elastischen Bereich kleiner Spannungen ist die Spannung senkrecht zur Wellenfront $\sigma_\perp$ proportional zum Modul $K + (4/3)\, G$, die Stoßwelle breitet sich mit der Geschwindigkeit $\sqrt{(K + [4/3]\, G)/\varrho}$ aus. Nach Überschreiten einer kritischen Spannung $\sigma_\perp(1)$ setzt plastische Verformung ein, was sich in einem Knick der HUGONIOT-Kurve anzeigt. Als dynamische Fließgrenze σ_{dyn} wird die Differenz $\sigma_\perp(1) - \sigma_{||}(1)$ definiert[1]), die wegen $\sigma_{||}(1) = [\nu/(1 - \nu)]\, \sigma_\perp(1)$ die Größe $\sigma_{\text{dyn}} = [(1 - 2\nu)/(1 - \nu)]\, \sigma_\perp(1)$ annimmt (Beispiele: Al $\sigma_{\text{dyn}} \approx (20$ bis $40) \cdot 10^7\ \text{Nm}^{-2}$, Stahl $(50 \cdots 150) \cdot 10^7\ \text{Nm}^{-2}$, Quarz $(350 \cdots 700) \times 10^7\ \text{Nm}^{-2}$, Silizium $400 \cdot 10^7\ \text{Nm}^{-2}$). Sie übersteigt die im statischen Versuch ermittelte Fließspannung ganz wesentlich. Im Bereich $\sigma \gg \sigma_{\text{dyn}}$ verhält sich der Festkörper mehr flüssigkeitsähnlich. Die HUGONIOT-Kurve für Stoßwellen mündet dann in diejenige ein, die unter hydrostatischen Bedingungen aufgenommen wurde, und man hat $\sigma \approx p$.

Stoßwellen sind nur stabil, wenn ihre Ausbreitungsgeschwindigkeit u_s mit wachsender Spannung σ zunimmt. Andernfalls zerfällt die Wellenfront.

---

[1]) $\sigma_{||}$ ist sinngemäß die Hauptspannung parallel zur Stoßwellenfront. Weiter ist $\sigma_\perp(1) = [(1 - \nu)/(1 + \nu)\,(1 - 2\nu)]\, E\varepsilon_\perp(1)$.

In Zusammenhang mit dem Überschreiten von σ_{dyn} und mit Phasenumwandlungen (vgl. Abb. 12.3) wird das auch tatsächlich beobachtet. Das Stabilitätskriterium folgt aus (12.1). Angenommen das Stoßwellenprofil habe die Form der Abb. 12.4 (vgl. auch Abb. 12.1). Stabilität

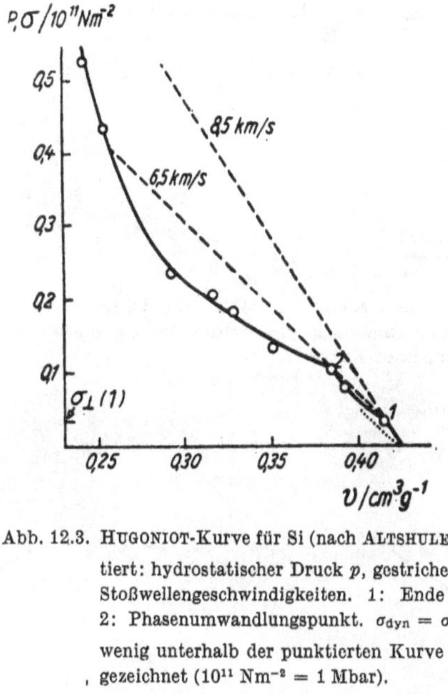

Abb. 12.3. HUGONIOT-Kurve für Si (nach ALTSHULER). Ausgezogen: $\sigma_\perp$, punktiert: hydrostatischer Druck p, gestrichelt: elastische und plastische Stoßwellengeschwindigkeiten. 1: Ende des elastischen Bereichs, 2: Phasenumwandlungspunkt. $\sigma_{\text{dyn}} = \sigma_\perp(1) - \sigma_{||}(1)$. $\sigma_{||}$ verläuft wenig unterhalb der punktierten Kurve für p und wurde nicht eingezeichnet (10^{11} Nm^{-2} = 1 Mbar).

erfordert $u_{s2} \geqq u_{s1}$. Wegen (12.1b) bedeutet dies $u_{p1} + v_1 \times \sqrt{(\sigma_2 - \sigma_1)/(v_1 - v_2)} \geqq v_0 \sqrt{(\sigma_1 - \sigma_0)/(v_0 - v_1)}$.[1]) Subtrahiert man auf beiden Seiten (12.1c), folgt hieraus

$$v_1 \sqrt{\frac{\sigma_2 - \sigma_1}{v_1 - v_2}} \geqq v_1 \sqrt{\frac{\sigma_1 - \sigma_0}{v_0 - v_1}}. \tag{12.2}$$

[1]) u_{s2} hat im Laborkoordinatensystem den Wert $u_{p1} + u_{s1}$.

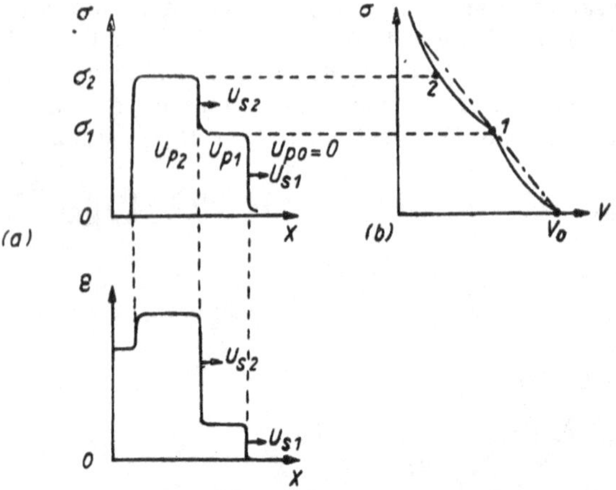

Abb. 12.4. Stoßwellenprofil σ und ε aus zwei Teilwellen (a), die sich mit den Geschwindigkeiten u_{s1} und u_{s2} längs der Ortskoordinate x bewegen. (b) Zugehörige HUGONIOT-Kurve.

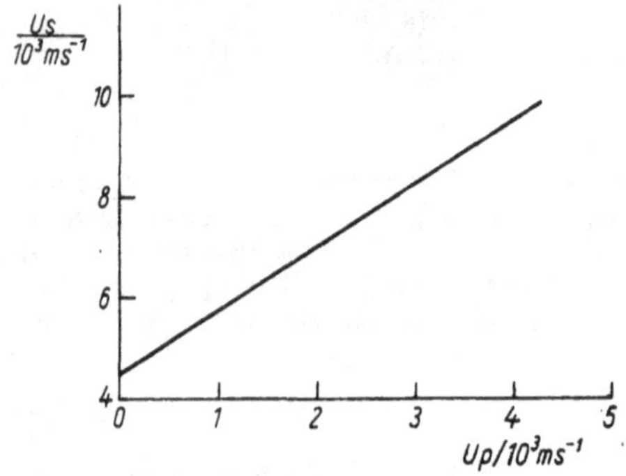

Abb. 12.5. Abhängigkeit der Wellen- von der Teilchengeschwindigkeit für Stoßwellen in Mg (nach MCQUEEN, MARSH, TAYLOR, FRITZ, CARTER)

Alle Zustände, die das System durchläuft, müssen auf der HUGONIOT-Kurve und unterhalb der Geraden liegen, die Ausgangs- und Endzustand verbindet. Umgekehrt kann aus einem Wellenprofil vom Typ der Abb. 12.1 und 12.4 auf Knickpunkte in der HUGONIOT-Kurve geschlossen werden. Im Beispiel des

Siliziums entspricht der Knick oberhalb σ_{dyn} einer Phasenumwandlung. Die Ausbreitungsgeschwindigkeit der Wellen im Spannungsbereich $> \sigma_{\text{dyn}}$ erreicht $\sqrt{K/\varrho}$ mit K als Kompressionsmodul der jeweiligen Phase.

Die Wellengeschwindigkeit u_s erweist sich in den meisten Fällen als linear von der Teilchengeschwindigkeit u_p abhängig (s. Abb. 12.5).

12.2. Relaxation

Stoßwellen sind mit hohen Drücken und hohen Schubspannungen, hohen Temperaturen (vgl. Tab. 12.1) und hohen Deformationsgeschwindigkeiten ($\approx 10^6 \cdots 10^8\ \text{s}^{-1}$) verbunden. Sie können daher mikroskopische Vorgänge auslösen, wie sie in den vorangegangenen Teilen untersucht worden sind. Dazu gehören die Betätigung von Versetzungsquellen, die Bewegung vorhandener Versetzungen, Zwillingsbildung und Martensitumwandlung. Wie in 12.1 erläutert, besteht eine Stoßwelle mit $\sigma > \sigma_{\text{dyn}}$ aus einem elastischen Vorläufer und anschließender „plastischer" Welle (vgl. auch Abb. 12.1). Plastische und elastische Welle lassen sich dann nicht mehr einfach als Diskontinuitäten auffassen. Die Frontdicke kann einige Millimeter betragen. Die genannten Veränderungen im

Tabelle 12.1
Berechnete Temperaturen im Stoßwellengebiet für verschiedene Festkörper (nach DORAN, LINDE)

Druck $10^8\ \text{Nm}^{-2}$	Festkörper	T/°C
100	Cu	61
1000		1480
100	Pb	231
1000		8940
100	NaCl	280
1000		8730

Gefüge rufen Relaxation der Spannung des Vorläufers hervor, die proportional $\varrho_V \exp(-D/\sigma)$ ist (vgl. 3.2.11., ϱ_V Versetzungsdichte).

Stoßwellenverformte Metalle weisen hohe Versetzungsdichten mit Zellstruktur auf. Ihre Härte nach Stoßbelastung steigt stark mit der Stoßwellenamplitude. Die Zugfestigkeit kann um mehr als 200% anwachsen. Für Anwendungen bei Explosivumformung vgl. z. B. LOZINSKIJ; CROSSLAND, WILLIAMS.

13. Möglichkeiten der Festigkeits- und Duktilitätserhöhung

Eine Reihe der in den Teilen 7 bis 11 zusammengestellten Prinzipien wird in Verfahren zur Verbesserung von Festigkeit und/oder Zähigkeit bewußt ausgenutzt.[1]) Wir wollen auf einige Beispiele dafür eingehen. Für eine ausführlichere Übersicht sei z. B. auf SAWIZIKI 1977 verwiesen.

13.1. Verbundwerkstoffe

Nach den Ergebnissen der Teile 7 und 10 kann hohe Festigkeit dann erreicht werden, wenn Versetzungsbewegung und Rißausbreitung möglichst stark behindert sind. Eine Anwendung dieser Erkenntnisse bilden die sogenannten Verbundwerkstoffe, die in einer häufig realisierten Form, den faserverstärkten Werkstoffen, parallel ausgerichtete Fasern vom Durchmesser (10^{-6} bis 10^{-5}) m enthalten. Die verwendeten Fasern zeichnen sich durch hohe YOUNGsche Moduln E und hohe Zugfestigkeit σ_B aus (letzeres infolge störungsarmer Ober-

[1]) Oftmals waren die Verfahren schon bekannt, noch bevor ein Verständnis der mikroskopischen Prinzipien vorlag. Später wurden sie gezielt weiterentwickelt.

flächen und Fehlens von Versetzungen). Sie sind zur Festigkeitserhöhung des Verbundsystems in eine duktile Matrix eingebettet und mit dieser über adhäsive Kräfte der Grenzflächen gekoppelt. Abb. 13.1 zeigt den starken

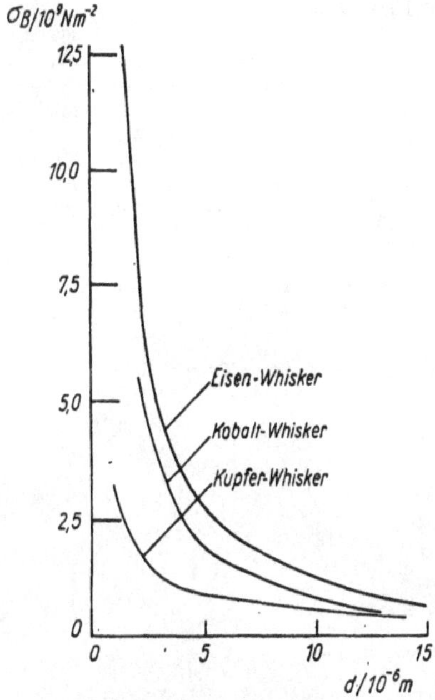

Abb. 13.1. Zugfestigkeit σ_B in Abhängigkeit vom Durchmesser d einiger metallischer Whisker (nach NIXDORF)

Anstieg von σ_B mit abnehmendem Durchmesser d der fadenförmigen Materialien im erwähnten Wertebereich von d. Tab. 13.1 faßt Zahlenwerte von E und σ_B für einige Faserwerkstoffe bei Raumtemperatur zusammen, und Abb. 13.2 enthält Beispiele für die Temperaturabhängigkeit von σ_B.

Die Matrix überträgt die äußeren Kräfte auf die Fasern. Sie schützt weiterhin die Oberflächen der Fasern vor

Tabelle 13.1
YOUNGscher Modul E und Zugfestigkeit σ_B einiger Faserwerkstoffe (nach TAPROGGE, SCHARWÄCHTER, HAHNEL)

Faserwerkstoff	$E/10^{10}$ Nm^{-2}	$\sigma_B/10^7$ Nm^{-2}
E-Glas (SiO_2, Al_2O_3, B_2O_3, CaO, MgO, Fe_2O_3, TiO_2, Na_2O, K_2O)	7,16	172 ··· 368
Graphit-Fasern	36···54	210··· 262
Graphit-Whisker*)	100	2060
Be	29	127··· 137
Stahl (C-arm)	20···21	415
W	34,5···41,0	380··· 400
Al_2O_3 (Saphir)	49	275··· 415
Al_2O_3-Whisker	41,5···236	1370···2750
BN	9	140
MgO-Whisker	31	2400
α-SiC-Whisker	48	1960···2450
Fe-Whisker	20···21	1240···1310

*) Whiskers sind faserförmige, praktisch fehlerfreie Einkristalle.

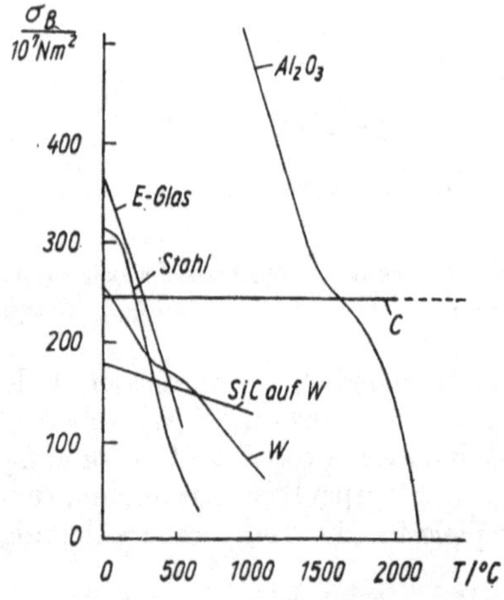

Abb. 13.2. Temperaturabhängigkeit von σ_B einiger Faserwerkstoffe (nach TAPROGGE, SCHARWÄCHTER, HAHNEL)

Beschädigungen und sorgt dafür, daß Risse in einer Faser nicht den gesamten Probenquerschnitt durchlaufen können und entschärft werden (vgl. 10.2 und 10.3). Je nach Verwendungszweck werden Kunstharze, Metalle, keramische Werkstoffe und Kohlenstoff als Matrixmaterialien eingesetzt.

Im Bereich elastischer Verformung von Matrix und Faser ist der E-Modul des Verbundwerkstoffes näherungs-

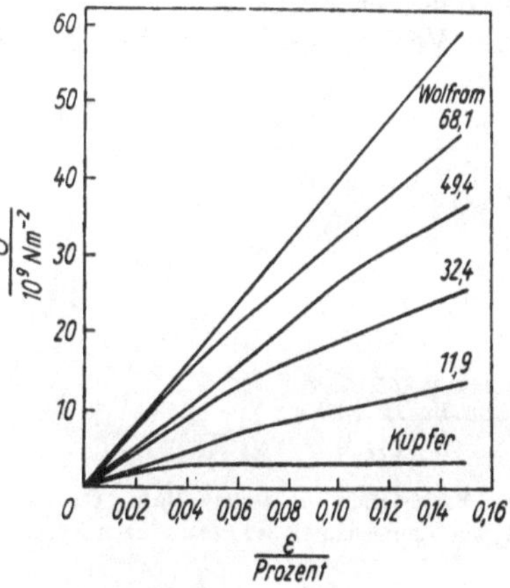

Abb. 13.3. Spannungs-Dehnungs-Kurven eines Verbundwerkstoffes mit unterschiedlichem Volumenanteil c_F der Fasern (Matrix: Kupfer-Legierung, Faser: Wolfram; die Zahlen geben c_F in % an). Die Fasern waren durchgehend, außer bei der Kurve für 32,4%. Der Knick in der Kurve markiert den Übergang vom elastischen zum plastischen Verhalten der Matrix (nach KELLY)

weise durch $E_v = E_F c_F + E_M c_M$ gegeben, wo sich die Indizes F und M auf Faser und Matrix beziehen und c den Volumenanteil angibt. Abb. 13.3 zeigt die Spannungs-Dehnungs-Kurve einer durch Wolfram verstärkten Kupferprobe im Bereich elastischer Verformung der Faser.

Oberhalb einer bestimmten Belastung des Verbundsystems verformt sich die Matrix plastisch. Damit wird die von ihr auf die Fasern übertragene Schubspannung an der Grenzfläche τ_{GF} auf maximal τ_0 (kritische Schubspannung) begrenzt. Die plastische Verformung der Matrix setzt in Nähe der Faserenden ein. Oberhalb eines kritischen Wertes von Faserlänge/Faserdurchmesser $(l/d)_{\text{krit}} = \sigma_F/2\tau_0$ wird die Bruchspannung σ_F in der Faser erreicht, bevor $\tau_{GF} = \tau_0$ entlang der gesamten Faser ist. In diesem Falle kann die Festigkeit des Fasermaterials vollständig genutzt werden. Bleibt das Verhältnis unter dem kritischen Wert, zerreißt der Verbundwerkstoff ohne Faser-

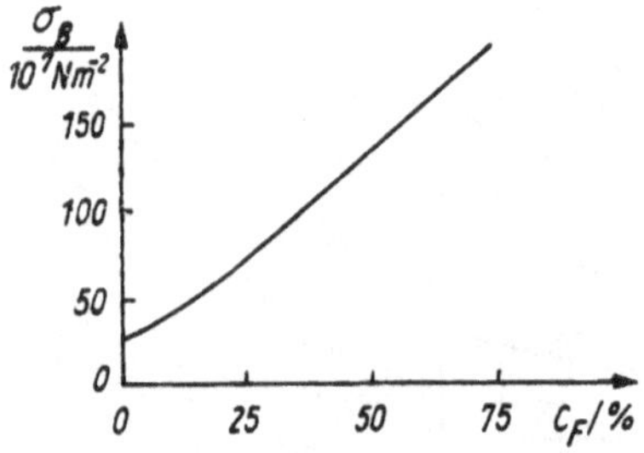

Abb. 13.4. Zugfestigkeit σ_B eines Faserverbundwerkstoffes (Matrix Cu, Fasern W) in Abhängigkeit vom Volumenanteil der Fasern (nach KELLY)

bruch. Oberhalb eines bestimmten Volumenanteils c_F ist die Zugfestigkeit des Verbundes durch die Mischungsregel $\sigma_V = \sigma_F c_F + \sigma_M c_M$ gegeben (vgl. Abb. 13.4), wo σ_M die Zugspannung in der Matrix bei einer Dehnung σ_F/E_F ist. Für weiterführende Betrachtungen vgl. KELLY; POMPE; R. M. JONES.

13.2. Ausforming und Marageing

Starke Erhöhung der Versetzungsdichte wird als Mittel der Festigkeitssteigerung (ohne Versprödung) (vgl. 7.1.1.3.) bei Stählen im „Ausforming"-Prozeß (austenite + deformation = Austenit + Verformung) angewandt und kann z. B. die Zugfestigkeit um 30 bis 50% steigern. Dazu wird der Stahl im austenitischen Zustand (vgl. 11.2.1) zwischen 400 und 600 °C stark verformt und anschließend abgekühlt, wobei die Martensit-Umwandlungstemperatur unterschritten wird. Bei dieser letztgenannten Umwandlung (vgl. 11.2) bleibt die hohe Versetzungsdichte erhalten. Darüber hinaus fördern die Versetzungen die Diffusion und damit die Karbidausscheidung, so daß eine zusätzliche Blockierung der Versetzungen erfolgt (vgl. 7.1.2.3.). Der Nachteil des Ausforming, die notwendige Deformation, fällt bei Werkstücken, die bei ihrer Fertigung ohnehin stark verformt werden müssen, nicht ins Gewicht.

Einen Stahl mit hoher Zähigkeit ohne Verformung herzustellen, gelingt mit dem Marageing (martensite + ageing = Martensit + Alterung). Durch Nickelzusätze (18—22 At%) wird die Umwandlungstemperatur von Austenit in Ferrit auf unter 400 °C herabgesetzt und die Gefahr der Bildung des unerwünschten (geringe Festigkeit) Ferrits durch Diffusion auch bei langsamer Abkühlung verringert. Im Gegensatz zum raschen Abkühlen (Abschrecken) kann somit auch über große Querschnitte eines Werkstückes die diffusionslose Martensitumwandlung zwischen 150 und 300 °C vor sich gehen. Enthält der Stahl weniger als 0,03% Kohlenstoff, aber Zusätze von Titan, Aluminium, Kobalt und Molybdän, kann beim anschließenden Erwärmen auf 400 bis 550 °C im Martensit-Gefüge die Ausscheidung von intermetallischen Verbindungen (z. B. Ni_3Mo, Ni_3Ti) erreicht werden, noch bevor der Zerfall des Martensits einsetzt. Durch Ausscheidungs-Härtung (vgl. 7.1.2.3) nimmt die Festigkeit ungewöhnlich stark zu.

13.3. Superplastizität

Überdurchschnittlich hohe Verformungsgrade ($> 1000\%$) bis zum Bruch wurden unter bestimmten Bedingungen in einer Reihe von Legierungen gefunden (vgl. Tab. 13.2). Die Erscheinung nennt man Superplastizität. Sie wird bei Temperaturen oberhalb $\approx 0{,}5\, T_s$ und an Proben mit gleichmäßiger Korngröße $< 10^{-5}$ m beobachtet. Die Fließspannung superplastischer Werkstoffe hängt von der Dehnungsgeschwindigkeit $\dot{\varepsilon}$ in der Form

$$\sigma = \bar{\sigma}_s \dot{\varepsilon}^m \tag{13.1}$$

ab. $\bar{\sigma}_s$ ist ein defektstruktur- und temperaturabhängiger Parameter, m erweist sich selbst als abhängig von $\dot{\varepsilon}$ (vgl. Abb. 13.5). Die Absolutwerte von σ liegen deutlich unter denen für konventionelle Korndurchmesser. Im Gegensatz zum üblichen Verhalten (vgl. (8.2)) nimmt σ im superplastischen Zustand mit abnehmendem Korndurchmesser d ebenfalls ab: $\sigma \sim d^{0,5\ldots1,2}$. Nach Überschreiten eines anfänglichen Maximums fällt $\sigma(\varepsilon)$ monoton. Die wahre Spannung σ_w ist praktisch unabhängig von ε. Verfestigende Einflüsse können vernachlässigt werden.

Die hohen Verformungsgrade sind eine Folge der Stabilität des Testkörpers gegen Einschnürung (vgl. auch 10.3). Wegen $\dot{\varepsilon} = (-1/A)\, \mathrm{d}A/\mathrm{d}t$ und $\sigma = F/A$ wird aus (13.1) $\dot{A} = -(F/\bar{\sigma}_s)^{1/m} A^{(m-1)/m}$. Integration dieser Differentialgleichung $-\int\limits_{t_0}^{t} [F/\bar{\sigma}_s]^{1/m}\, \mathrm{d}t = \int\limits_{A_0}^{A} A^{[(1/m)-1]} \mathrm{d}A = \int\limits_{\alpha A_0}^{\beta A} A^{[(1/m)-1]}$ $\times \mathrm{d}A$ führt zu einer Dehnung

$$\frac{A_0}{A} = \left(\frac{1 - \beta^{1/m}}{1 - \alpha^{1/m}}\right)^m . \tag{13.2}$$

Das letzte Gleichheitszeichen zwischen den Integralen ist damit zu begründen, daß das erste Integral unabhängig von der Ortskoordinate entlang der Probe ist und dies demnach auch für das zweite gelten muß. Der Kristallquerschnitt betrage zu Beginn an einer Stelle A_0, an einer zweiten αA_0. Nach der Verformung seien die Werte A und βA. An (13.2) wird deutlich, weshalb Substanzen mit $m > 0{,}3$ als superplastisch angesehen werden (vgl. Abb. 13.5, Bereich II). Eine Querschnittsschwankung

Tabelle 13.2
Beispiele superplastischer Metalle
(T Prüftemperatur, m_{max} = Max(m) aus (13.1)) (nach EDINGTON, MELTON, CUTLER)

Material	Maximale Dehnung %	T / °C	m_{max}
Al-33% Cu-7% Mg	600	420···480	0,72
Al-10,72% Zn-0,93% Mg −0,42% Zr	1550	550	0,9
Bi-In-Eutektikum	450	20	0,76
Ni-39% Cr-10% Fe	~1000	810···980	0,5
Bi-Sn-Eutektikum	1950	20··· 30	
Ni	225	820	
Pu	680	150···190	0,29
Al-Zn-Eutektikum	2500	20···250	0,5

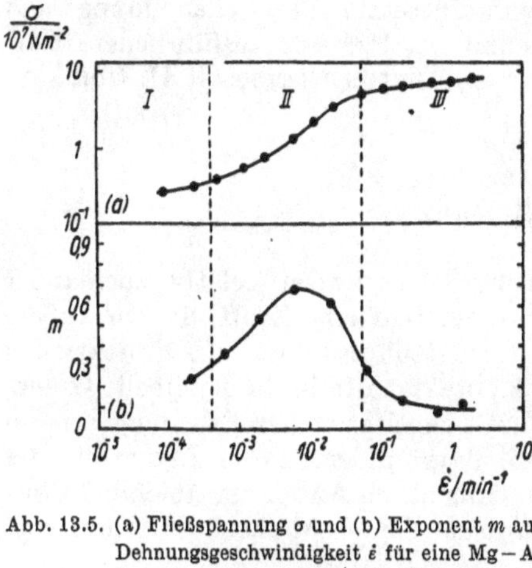

Abb. 13.5. (a) Fließspannung σ und (b) Exponent m aus (13.1) als Funktion der Dehnungsgeschwindigkeit $\dot{\varepsilon}$ für eine Mg−Al-Legierung eutektischer Zusammensetzung bei 350 °C. Korngröße 1,06 · 10^{-5} m. Der Zustand mit $m > 0{,}3$ heißt superplastisch (Bereich II) (nach LEE)

der Probe vor dem Versuch von $\alpha = 0{,}99$ erlaubt bei $m = 0{,}3$ Verformungsgrade von $A_0/A \approx 200\%$, ehe $\beta = 0{,}89$ wird. Die durch eine Einschnürung hervorgerufene lokale Zunahme von $\dot{\varepsilon}$ erforderte nach (13.1) ein zu großes Anwachsen von σ, als daß die Einschnürung schnell zum Bruch führen könnte.

In den drei Bereichen I, II und III der Abb. 13.5 dominieren anscheinend unterschiedliche mikroskopische Prozesse. In Bereich I wurden sowohl HERRING-NABARRO- und COBLE-Kriechen (vgl. 7.3) als auch Gleitung an Korngrenzen beobachtet. Kriechen von Versetzungen herrscht im Bereich III vor. Im eigentlichen superplastischen Zustand laufen mehrere Vorgänge gleichzeitig ab, die auf $\dot{\varepsilon}$ bestimmenden Einfluß nehmen, über deren quantitativen Anteil noch Unklarheiten bestehen. Dazu gehören das Korngrenzengleiten und Kriechvorgänge zur Anpassung der Kornform an die jeweilige neue Geometrie des Gefüges. Letztere könnten sowohl durch Diffusion als auch durch Versetzungsbewegung realisiert werden. Der Befund $m < 1$ widerspricht (7.19) dann nicht, wenn die dort vorausgesetzte Leerstellenbildung und -vernichtung gehemmt ist. Für eine ausführlichere Darstellung vgl. EDINGTON, MELTON, CUTLER; R. H. JOHNSON.

14. Äußere Reibung

In der Berührungsfläche zweier relativ zueinander bewegter Festkörper entsteht eine Kraft, die wir äußere Reibung F_R nennen. Sie stellt die Summe der Projektionen aller elementaren Kontaktkräfte in die nominelle Grenzfläche A_n dar.[1] Ihre quantitative Untersuchung begann zwar schon im 15. Jahrhundert durch LEONARDO DA VINCI (ihm folgten namentlich AMONTONS 1699 und COULOMB 1785), als Problem der plastischen Verformung ist

[1]) F_R ist der relativen Verschiebung entgegengerichtet.

sie aber erst sehr viel später behandelt worden, nämlich im Hinblick auf die sich häufenden Beispiele unerwünschten Auftretens bei technischen Umform- und Verschleißprozessen. Die früheren Ergebnisse erwiesen sich dabei als Spezialfälle eines komplexen Geschehens, von dem im folgenden nur einige charakteristische Züge hervorgehoben werden können, denn in vielen Einzelheiten bestehen noch erhebliche Unklarheiten. Für eingehendere Darstellungen vgl. z. B. BOWDEN, TABOR; LANGE; RABINOWICZ, DE PATER, KALKER; MAKUSHOK.

14.1. Reibungskoeffizient

Die Reibung F_R ist bei kleinen Lasten F_N senkrecht zur Grenzfläche diesen proportional. Der Proportionalitätsfaktor μ in

$$F_R = \mu F_N \tag{14.1}$$

heißt Reibungskoeffizient und wird zur Kennzeichnung eines Reibpaares auch unter Bedingungen herangezogen, unter denen er selbst lastabhängig wird. (14.1) ist mit $\mu \approx \text{const}$ erfüllt, solange sich die beteiligten Körper nur in diskreten Punkten berühren und im Innern lediglich elastisch verformt werden.

Bei hohen Belastungen F_N setzt plastische Verformung ein. Die Reibung wird unabhängig von F_N. Wir schreiben dann

$$F_R = kA_W \tag{14.2}$$

mit A_W als wahrer Berührungsfläche und k als Schubfließspannung an der Oberfläche des weicheren Reibpartners (vgl. 5.3).

Zahlenwerte von μ erweisen sich für ein und dasselbe Paar reibender Flächen nicht nur als lastabhängig (für große F_N, vgl. 14.2), sondern auch als stark beeinflußt durch Oberflächenbedeckung mit Gasen und deren Verbindungen. Mit zunehmender Entgasung steigt im allgemeinen der Reibungskoeffizient (vgl. Abb. 14.1). Im Vakuum von 10^{-2} Torr liegt z. B. μ von Cu auf Cu bei 2,3, an Luft bei 0,7 bis 1,2 (KRAGELSKIJ et al. 1973). Mitunter führt das Aufreißen der Deckschichten an Luft zu einem anfänglichen Anstieg der $\mu(F_N)$-Kurve (vgl. Abb. 14.2). Festkörper, wie z. B. Al, mit stabilen Deckschichten gleiten bis zu hohen Lasten auf diesen Fremdphasen. Deren Eigenschaften sind in der Regel temperaturab-

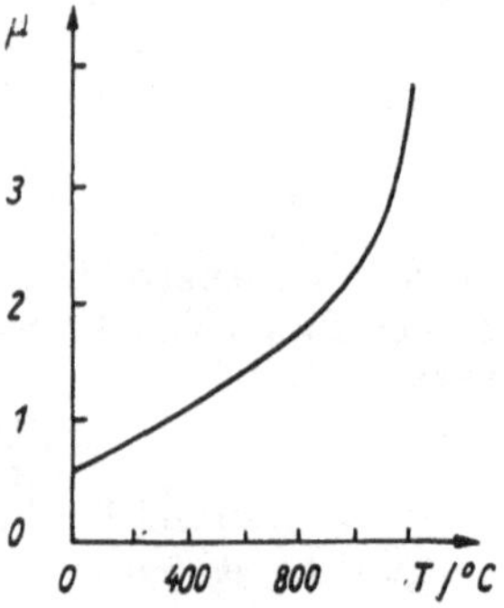

Abb. 14.1. Abhängigkeit des bei Raumtemperatur gemessenen Reibungskoeffizienten μ (Platin auf Platin) von der Temperatur T einer vorangegangenen Entgasung im Vakuum (nach BOWDEN, TABOR)

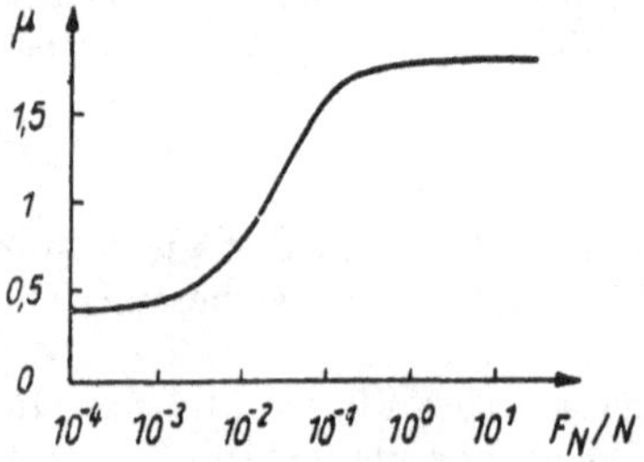

Abb. 14.2. Einfluß der Belastung F_N auf den Reibungskoeffizienten μ bei Gleitung von elektrolytisch poliertem Kupfer übereinander (nach BOWDEN, TABOR). Der Anstieg $\mu(F_N)$ oberhalb 10^{-3} N ist vom Übergang zu metallischem Kontakt der Partner des Reibpaares begleitet.

hängig, so auch μ. Eine Fremdphasenbedeckung kann auch von der Schmelze des Festkörpers herrühren, wie z. B. in Abb. 14.3. Dort wo Fremdphasen beseitigt sind, werden substanztypische, im allgemeinen starke Adhäsionskräfte wirksam, die zu lokalem „Verschweißen“ und damit zum Anstieg von μ führen können.

Da in Berührungsflächennähe plastische Verformung durch Gleiten von Versetzungen auftritt (vgl. 14.2), hängt μ sowohl von der Orientierung der Verschiebungs-

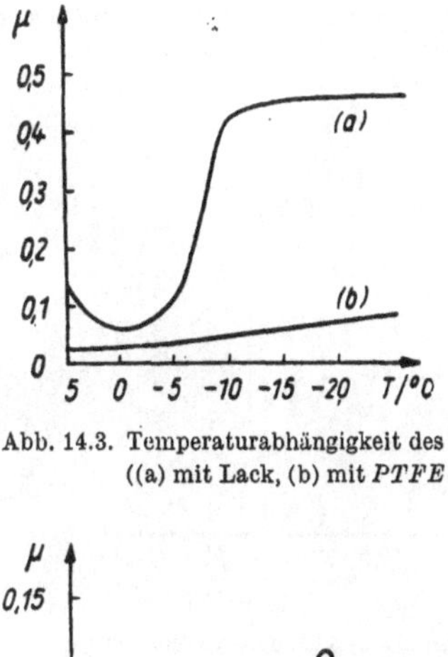

Abb. 14.3. Temperaturabhängigkeit des Reibungskoeffizienten μ von Naturschi ((a) mit Lack, (b) mit *PTFE* beschichtet) (nach BOWDEN, TABOR).

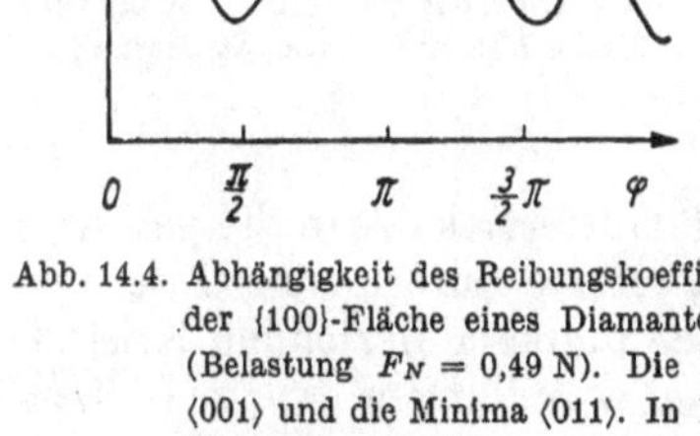

Abb. 14.4. Abhängigkeit des Reibungskoeffizienten μ einer Diamantnadel auf der {100}-Fläche eines Diamanten von der Bewegungsrichtung φ (Belastung $F_N = 0{,}49$ N). Die Maxima entsprechen Richtungen ⟨001⟩ und die Minima ⟨011⟩. In Richtungen mit hohem μ läßt sich Diamant gut schleifen und polieren (nach BOWDEN, TABOR).

richtung der Reibpartner (vgl. Abb. 14.4) als auch von deren Kristallstruktur ab. Kristalle vom W- und Cu-Typ zeigen z. B. höhere Reibungskoeffizienten als die vom

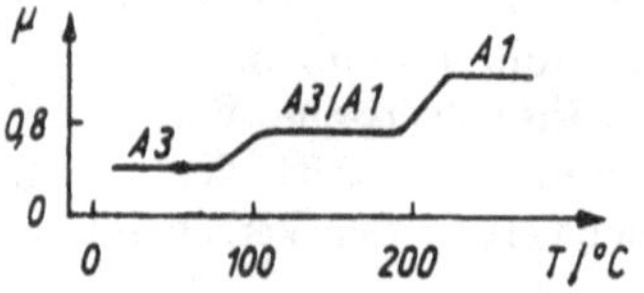

Abb. 14.5. Temperaturabhängigkeit von μ für Lanthan auf rostfreiem Stahl im Vakuum $10^{-9} \cdots 10^{-10}$ Torr. Der Anstieg ist mit der Umwandlung des Lanthan von der Mg-Struktur (A3) in die Cu-Struktur (A1) verbunden (nach BUCKLEY, JOHNSON).

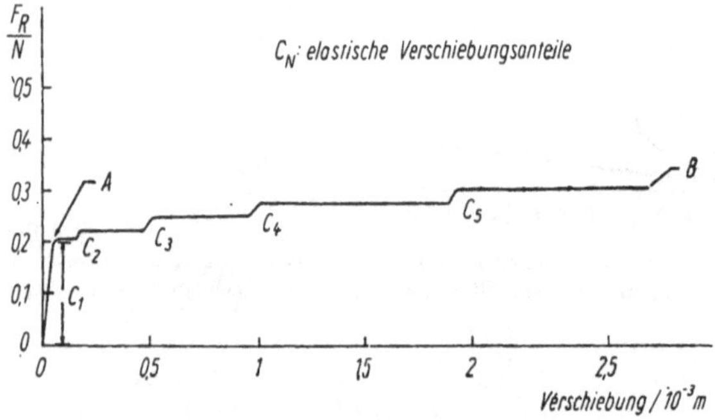

Abb. 14.6. Typisches Schreiberdiagramm F_R in Abhängigkeit von der relativen Verschiebung der Reibpartner. Bei A setzt der erste mikroskopische Verschiebungsvorgang ein. Weitere Kraftsteigerung ermöglicht zusätzliche kleine Verschiebungen. Erst nachdem B erreicht ist, kann makroskopisch sichtbare Bewegung erfolgen. Die Kraft bei B wird mit weniger empfindlichen Meßanordnungen als Haftreibung angesehen (nach SIMKINS).

Mg-Typ, da (wie in 6.2.1 erörtert) letztere die geringere Zahl unabhängiger Gleitsysteme aufbringen. Gute Vergleichsmöglichkeiten bieten in dieser Beziehung Kristalle mit strukturellen Phasenumwandlungen, wie z. B. Lanthan (Abb. 14.5).

Der Reibungskoeffizient wird zu Beginn der Relativbewegung beider Grenzflächen höher (wenn auch meist nur wenig) gefunden als danach. Das hat Anlaß zur Unterscheidung von Haft- und Gleitreibungskoeffizienten gegeben, was vom Standpunkt des mikroskopischen Geschehens nicht immer sinnvoll ist (vgl. z. B. Abb. 14.6). Wir kommen in 14.2. darauf zurück.

Mit dem Kontakt von Festkörperoberflächen geht bei hohen F_N eine Übertragung von Material des weicheren auf den härteren Partner einher (Abrieb), der pro cm² nomineller Berührungsfläche $10^{-5} \cdots 10^{-3}$ g beträgt. Neben dem Materialverlust stören dabei auch Nebenwirkungen, wie Korrosion usw.

14.2. Oberflächentopologie und -kontakt

Die Rauhigkeit realer Oberflächen kann in einfachen Fällen durch die mittlere Abweichung h^* von einer Mittellinie erfaßt werden, die, wie in Abb. 14.7 angegeben, festgelegt wird. D. h., es ist $h^* = [\int |y| \, dx]/\int dx$. Mit

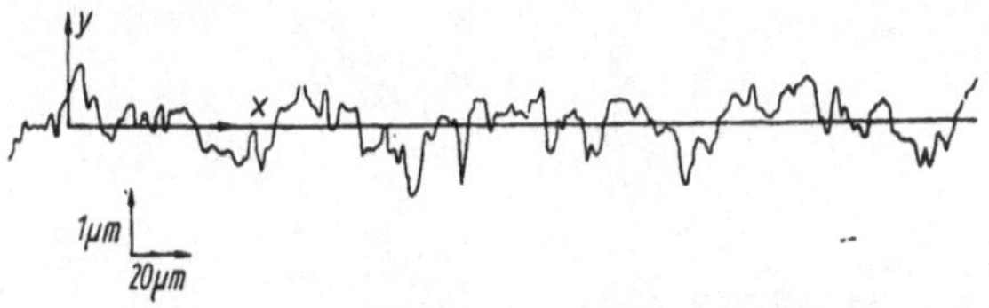

Abb. 14.7. Typisches Oberflächenprofil, wobei die Festlegung des Nullpunktes auf der y-Achse so erfolgt ist, daß $\int_{y>0} y \, dx = \int_{y<0} y \, dx$ (nach ARCHARD, HUNT, ONIONS)

labormäßigen Bearbeitungsmethoden können Werte $h^* \geqq 3 \cdot 10^{-8}$ m erreicht werden. Neben h^* werden oft die maximale Profilhöhe h_{max}, der mittlere Anstieg der Erhebungen $\bar{\varphi}$ und der mittlere Radius $\bar{r}$ am Gipfel zur Kennzeichnung herangezogen. Tab. 14.1 enthält Zahlenbeispiele. Messungen des Linienprofils nach Art der Abb. 14.7 in unterschiedlichen Richtungen auf der Oberfläche kön-

Tabelle 14.1
Parameter der Oberflächenrauhigkeit von gehärteten Stahlflächen (Vickers-Härte 700 · 10^7 Nm^{-2}, nach BARWELL, JONES, PROBERT)

Bearbeitung	$h^*/10^{-8}$ m	$h_{max}/10^{-8}$ m	$\bar{\varphi}/^0$	$\bar{r}/10^{-6}$ m
fein	3,56	10,2	0,16	508
grob	17,8	250	7,35	18

nen einer harmonischen Analyse unterworfen werden, woraus sich der Verlauf der Oberfläche im Raum gut rekonstruieren läßt.

Zwei Festkörperoberflächen berühren sich bei kleinen Belastungen $F_N/A_n = \sigma_N \ll \sigma_0$ zunächst über die höchsten Erhebungen h_{max}. Die wahre Kontaktfläche A_W wächst mit steigendem σ_N. Abb. 14.8 gibt ein quantitatives Beispiel.

Die Proportionalität $A_W/A_n \sim \sigma_N/\sigma_0$ spielt für das Verständnis der Grenzflächenvorgänge eine wichtige Rolle. Wenn die Erhebungen des Oberflächenreliefs

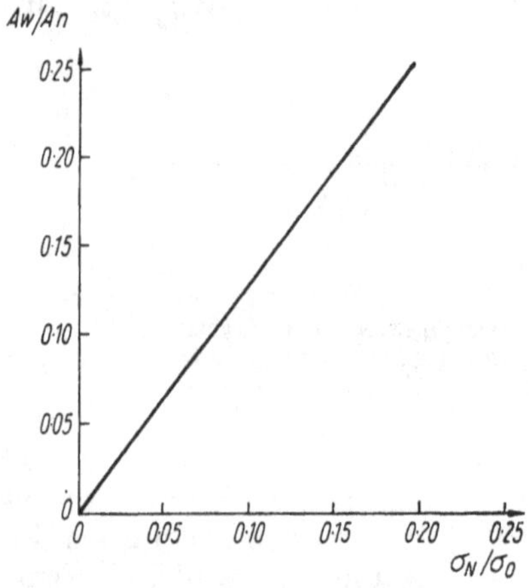

Abb. 14.8. Relative wahre Kontaktfläche A_W/A_n in Abhängigkeit von der relativen Belastung σ_N/σ_0 für den Kontakt von Stahl (EN 58 B, Vickers-Härte 388 · 10^7 Nm^{-2}) mit Kupfer (nach BARWELL, JONES, PROBERT). h^* für Stahl 3,88 μm. σ_0 Fließgrenze

plastisch verformt werden, sollte sich an den Kontaktstellen mit der Fließgrenze $\sigma_0 \approx \sigma_m/3$ des weicheren Partners die Kontaktfläche $A_W = F_N/\sigma_m$ einstellen. Damit wird

$$\frac{A_W}{A_n} = \frac{\sigma_N}{\sigma_m}. \tag{14.3}$$

Die relative Kontaktfläche A_W/A_n wächst mit der relativen Annäherung $\xi = x/h_{\max}$ der Oberflächen (x Ortskoordinate senkrecht zu A_n) etwa nach $A_W/A_n = c\xi^q$, wobei von DEMKIN für geschliffene bzw. polierte Flächen $c = 4 \cdots 6$ bzw. $5 \cdots 10$ und $q = 3$ angegeben wird. Die Abhängigkeit wird von den plastischen Verformungseigenschaften der Unebenheiten[1]) und deren Höhenverteilung bestimmt. A_W hängt von den mechanischen Eigenschaften der Reibpartner und vom Relief der Grenzflächen ab. Mit Abnahme der Rauhigkeit wächst A_W. Deckschichten beeinflussen μ auf glatten Grenzflächen stärker als auf rauhen.

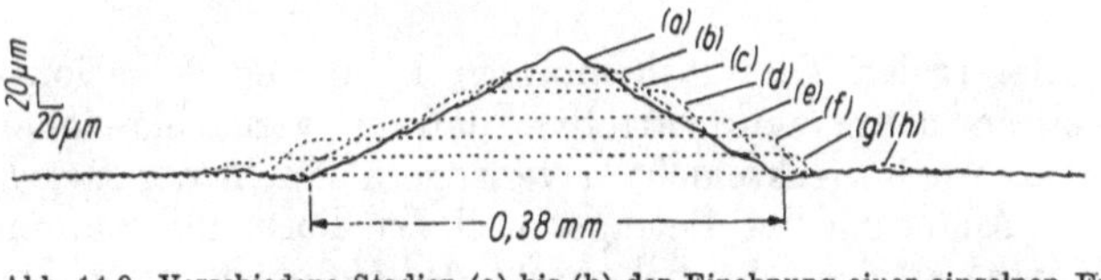

Abb. 14.9. Verschiedene Stadien (a) bis (h) der Einebnung einer einzelnen Erhebung im Oberflächenrelief, deren Fußdurchmesser vor dem Kontakt 0,38 mm betrug (nach UPPAL, PROBERT).

Während der Lastzunahme wird zunächst Material vom Rauh-Gipfel durch plastische Verformung nach dem Fuß gedrängt; später fließt es auch über den Fuß hinaus (vgl. Abb. 14.9). Die Relativbewegung der rauhen Oberflächen ist gekennzeichnet durch eine Reihe parallellaufender Mechanismen, über deren quantitativen Anteil

[1]) A_W wächst mit σ_0 und E.

an F_R noch unterschiedliche Meinungen bestehen. Dazu gehören z. B. (vgl. auch Abb. 14.10) : a) elastische Verformung, b) Deckschichtzerstörung, c) plastische Wellen, d) spanende Verformung, e) Abscheren adhäsiver Brücken.

Ideal glatte und starre Oberflächen verdanken ihre Reibung allein den Adhäsionskräften. Wegen deren Geschwindigkeitsabhängigkeit ist in diesem Falle die Unterscheidung von Haft- und Gleitreibung zweckmäßig.

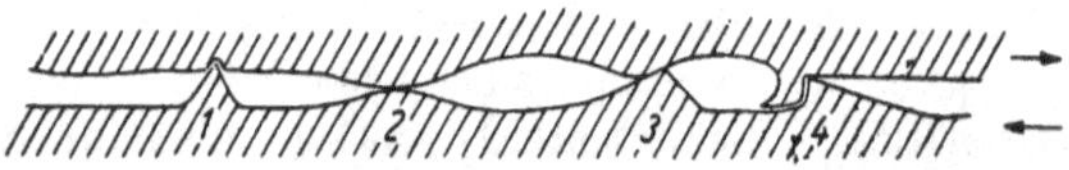

Abb. 14.10. Schematische Darstellung einiger typischer Kontakte bei der Reibung rauher Oberflächen: (1) plastische Verformung mit symmetrischer Materialverteilung, (2) elastische Verformung, (3) Welle plastischer Verformung, (4) Spanung im Mikrobereich. Bei allen Typen können noch Adhäsionskräfte einen wesentlichen Beitrag liefern.

Bei realen Oberflächenformen kann der Adhäsionsbeitrag soweit zurücktreten, daß er vernachlässigbar wird. Auch Deckschichten verringern ihn in der Regel. Die Änderung des Betrages und der Form der wahren Kontaktfläche A_W beherrscht das Reibungsgesetz. Im Sättigungsfalle $A_W \to \text{const}$ gilt (14.2). Die mittlere Schubspannung τ in der Grenzfläche ist also gegeben durch

$$\begin{aligned} &\tau = \mu\sigma_N & &0 \leqq F_N \leqq \frac{kA_n}{\mu_{\max}} \\ \text{oder} \quad &\tau = \mu\sigma_{N\max} = \text{const} & &F_N > \frac{kA_n}{\mu_{\max}}, \end{aligned} \tag{14.4}$$

wobei $\tau = F_R/A_n$ und $\sigma_{N\max} = k/\mu_{\max}$ die Grenze der Belastung darstellt, bis zu der die Reibung noch ansteigt.

14.3. Verminderung der Reibung

Die Reibung kann vorwiegend über die Kontaktfläche A_W und die Schubspannungen im Grenzflächengebiet k gezielt vermindert werden. Dafür eignen sich dünne undurchdringliche Schichten mit niedrigem Scherwiderstand. Weit verbreitet sind Schmiermittel, deren Fettsäuremoleküle an einem Ende mit der (metallischen) Oberfläche Seifen bilden. Die dicht gepackten Moleküle bilden eine $\sim 2{,}5 \cdot 10^{-9}$ m dünne Schicht mit niedrigem k. Aber auch duktile Festkörper, wie Cu, Sn, Pb, Teflon, MoS_2, Graphit und reaktionsträge Flüssigkeitsfilme wirken erniedrigend auf F_R, das dann dem Produkt von Viskosität und Schmiermittelgeschwindigkeit proportional ist. A_W kann mitunter herabgesetzt werden, indem F_N periodisch verändert wird (z. B. durch Ultraschall). Schmiermittel dringt zwischen Berührungsstellen. Wird F_R durch die Zähigkeit des Schmiermittels allein bestimmt, kann μ auf 0,001 bis 0,005 absinken.

Konstanten und Umrechnungsbeziehungen

Standardfallbeschleunigung	$g_n = 9{,}80665\ \mathrm{m\ s^{-2}}$
Normaldruck	$p_n = 101\,325\ \mathrm{N\ m^{-2}}$
Lichtgeschwindigkeit im Vakuum	$c = 2{,}99792458 \cdot 10^{8}\ \mathrm{m\ s^{-1}}$
Elementarladung	$e = 1{,}6021892 \cdot 10^{-19}\ \mathrm{As}$
AVOGADROsche Konstante	$L = 6{,}022045 \cdot 10^{23}\ \mathrm{mol^{-1}}$
Ruhemasse des Elektrons	$m_e = 9{,}109534 \cdot 10^{-31}\ \mathrm{kg}$
Ruhemasse des Protons	$m_p = 1{,}6726485 \cdot 10^{-27}\ \mathrm{kg}$
Ruhemasse des Neutrons	$m_n = 1{,}6749543 \cdot 10^{-27}\ \mathrm{kg}$
PLANCKsche Konstante	$h = 6{,}626176 \cdot 10^{-34}\ \mathrm{Js}$
Molare Gaskonstante	$R = 8{,}31441\ \mathrm{J\ mol^{-1}\ K^{-1}}$
BOLTZMANN-Konstante	$k_B = 1{,}380662 \cdot 10^{-23}\ \mathrm{J\ K^{-1}}$
Induktionskonstante	$\mu_0 = 4\pi \cdot 10^{-7}\ \mathrm{H\ m^{-1}}$
	$= 12{,}5663706144 \cdot 10^{-7}\ \mathrm{H\ m^{-1}}$
Influenzkonstante	$\varepsilon_0 = 8{,}85418782 \cdot 10^{-12}\ \mathrm{F\ m^{-1}}$

---

1 J (Joule) = 1 Nm = 1 $\mathrm{m^2\ kg\ s^{-2}}$ = 1 Ws

1 F (Farad) = 1 As/V = 1 $\mathrm{m^{-2}\ kg^{-1}\ s^4 A^2}$

1 H (Henry) = 1 $\mathrm{m^2\ kg\ s^{-2}\ A^{-2}}$

1 dyn = 10^{-5} N

1 bar = $10^5\ \mathrm{N\ m^{-2}} \equiv 10^5$ Pa

1 erg = 10^{-7} J

1 kp = 9,80665 N

1 cal = 4,1868 J

1 eV = $1{,}6021892 \cdot 10^{-19}$ J = 0,07350 Rydberg

1 eV/Atom = 23,045 kcal/mol

1 at = $10^4\ \mathrm{kp\ m^{-2}} = 98066{,}5\ \mathrm{m^{-1}\ kg\ s^{-2}}$ = 9,80665 Pa

1 atm = 101325 $\mathrm{Nm^{-2}} \equiv$ 101325 Pa

1 Torr = 1/760 atm = 133,3224 Pa = 1 mm Hg

1 psi = 1 $\mathrm{lbf/in^2} = 6{,}89476 \cdot 10^3\ \mathrm{Nm^{-2}}$

1 lbf = 4,44822 N

Literaturverzeichnis

D. J. ABSON, J. J. JONAS, Metal Science Journal **4** (1970) 24.

R. P. I. ADLER, H. M. OTTE, C. N. J. WAGNER, Metallurgical Transactions **1** (1970) 2375.

J. J. AKLONIS, W. J. MACKNIGHT, M. SHEN, Introduction to Polymer Viscoelasticity, J. Wiley, New York 1972.

V. I. ALSHITS, V. L. INDENBOM (В. И. Альщиц, В. Л. Инденбом), Uspechi Fizičeskich Nauk **115** (1975) 3.

S. ALTEROVITZ, D. GERLICH, Phys. Rev. **B1** (1970) 2722.

L. V. ALTSHULER, Uspechi Fizičeskich Nauk **85** (1965) 197.

S. AMELINCKX, The direct observation of dislocations, Solid State Physics, Suppl. 6, Academic Press, New York 1964.

M. AMONTONS, Histoire de l'Académie Royale des Sciences avec les Mémoires de Mathématique et de Physique (1699) 206.

J. F. ARCHARD, R. T. HUNT, R. A. ONIONS, in: A. D. DE PATER, J. J. KALKER (eds.), S. 282.

M. J. ARCHER, J. W. MARTIN, J. Inst. Metals **96** (1968) 167.

G. W. ARDLEY, Acta Met. **3** (1955) 525.

A. S. ARGON, ed., Physics of Strength and Plasticity, M.I.T. Press Cambridge, Mass. 1969.

P. E. ARMSTRONG, Measurements of Elastic Constants, in: R. F. BUNSHAH, ed., Techniques of Metals Research, Bd. 5, Teil 2, Measurement of Mechanical Properties, Interscience Publishers, New York 1971.

T. N. ARMSTRONG, W. L. WARNER, Symposium on Impact Testing, ASTM (1955) 176.

M. AUGUST, Theorie statischer Versetzungen, Verlag B. G. Teubner, Leipzig 1966.

B. L. AVERBACH, D. K. FELBECK, G. T. HAHN, D. A. THOMAS, eds., Fracture, MIT, Cambridge 1959.

U. BAHR, G. DIENER, H.-G. SCHÖPF, Wiss. Z. TU Dresden **23** (1974) 319.

E. C. BAIN, Trans. AIME **70** (1924) 25.

M. BALARIN, in: Point defects and their interaction with the other kind of lattice imperfections, IV International Summer School on Defects, Zakopane (Polen) 1973, Warszawa 1974, S. 65.

F. T. BARWELL, M. H. JONES, S. D. PROBERT, in: A. D. DE PATER, J. J. KALKER (eds.), S. 304.

B. BAUDELET, Mémoires Scientifiques Rev. Métallurg., LXVIII, N⁰ 7—8, (1971) 479.

K. BAUMANN, in: Mechanische Anisotropie, herausg. v. H. P. STÜWE, Springer-Verlag, Wien 1974, S. 63ff.

J. R. BEELER, Symposium on Atomic Collision Cascades; AERE-R-4694 (1964), zitiert nach M. W. THOMPSON.

J. F. BELL, The Experimental Foundations of Solid Mechanics, Hdb. d. Physik, herausg. v. S. FLÜGGE, Bd. VIa/1, Springer-Verlag, Berlin 1973, S. 1ff.

J. F. BELL, The Physics of Large Deformation of Crystalline Solids, Springer-Verlag, Berlin 1968.

R. L. BELL, T. G. LANGDON, in: Interfaces, ed. by R. C. GIFKINS, Butterworths, London 1969, S. 115.

B. S. BERRY, A. S. NOWICK, in: Physical Acoustics, Vol. III A, ed. by W. P. MASON, Academic Press, New York 1966, Kap. 1.

R. BERNER, H. KRONMÜLLER, in: Moderne Probleme der Metallphysik, Bd. 1, herausg. v. A. SEEGER, Springer-Verlag, Berlin 1965, S. 35ff.

H. BETHGE, G. KÄSTNER, Disc. of the Faraday Soc. No. **38** (1964) 281.

S. BHAGAVANTAM, Crystal Symmetry and Physical Properties, Academic Press, London 1966.

M. B. BEVER, D. L. HOLT, A. L. TITCHENER, Progr. Mat. Science **17** (1973) 1.

W. D. BIGGS, Fracture, in: R. W. CAHN, ed., S. 1199.

H. BLUMENAUER, G. PUSCH, Bruchmechanik, Deutscher Verlag für Grundstoffindustrie, Leipzig 1973.

W. BOAS, E. SCHMID, Z. f. techn. Physik **12** (1931) 71.

F. P. BOWDEN, D. TABOR, Reibung und Schmierung fester Körper, Springer-Verlag, Berlin 1959.

G. M. BOYD, Eng. Fract. Mech. **4** (1972) 759.

S. S. BRENNER, in: Growth and Perfection of Crytsals, ed. by R. H. DOREMUS, B. W. ROBERTS, D. TURNBULL, J. Wiley, New York 1958, p. 157.

K. BRUGGER, J. Appl. Physics **36** (1965) 759.

K. BRUGGER, Phys. Rev. **133** (1964) A 1611.

D. H. Buckley, R. L. Johnson, ASLE Trans. 8 (1965) No. 2.
H.-J. Bunge, Kristall und Technik 6 (1971) 677.
H.-J. Bunge, Mathematische Methoden der Texturanalyse, Akademie-Verlag, Berlin 1969.
R. W. Cahn, Acta Met. 1 (1953) 49.
R. W. Cahn, ed., Physical Metallurgy, 2 nd ed., North-Holland Publ. Co., Amsterdam 1970.
R. W. Cahn, in: R. W. Cahn, ed., S. 1129.
P. Camagni, in: G. Champier, G. Saada, S. 89.
J. D. Campbell, Dynamic Plasticity of Metals, Springer-Verlag, Wien 1972.
G. P. Čerepanov (Черепанов, Г. П.), Mechanika chrupkogo razrushenija, Metallurgija, Moskau 1974.
G. Champier, G. Saada, eds., Déformation Plastique des Métaux et Alliages, Masson, Paris 1968.
R. Chang, Appl. Physics Letters 11 (1967) 305.
J. W. Christian, Transformations in Metals and Alloys, Pergamon Press, Oxford 1965.
D. Y. Chung, Y. Li, Acta Cryst. A 30 (1974) 1—13.
R. L. Coble, J. Appl. Phys. 34 (1963) 1679.
R. A. Coldwell-Horsfall, Phys. Rev. 129 (1963) 24.
A. H. Cottrell, R. J. Stokes, Proc. Roy, Soc. (Ldn) A233 (1955) 17.
A. H. Cottrell, B. A. Bilby, Phil. Mag. 42 (1951) 573.
C. A. Coulomb, Mémoires de Mathématique et de Physique de l'Académie Royale des Sciences (1785) 161.
J. M. Cowley, Diffraction Physics, North-Holland Publ. Co., Amsterdam 1975.
A. Cracknell, N. H. Petch, Acta Met. 3 (1955) 186.
J. H. Crawford, L. Slifkin, eds., Point Defects in Solids, Plenum Press, New York 1972, 1975
B. Crossland, J. D. Williams, Metall. Rev. 15 (1970) 79.
L. da Vinci, Notebooks, engl. Übersetzung von E. MacCurdy, Jonathan Cape, London 1938.
D. E. Day, ed., Relaxation Processes in Glasses, North-Holland Publ. Co., Amsterdam 1974.
P. H. Dederichs, R. Zeller, Elastische Konstanten von Vielkristallen, Ber. d. KFA Jülich, Nr. 877, Institut f. Festkörperforschung, (1972).
N. B. Demkin (Н. Б. Демкин), Faktičeskaja ploščad' kasanija tverdych poverchnostej, Moskau 1962.

A. D. de Pater, J. J. Kalker (eds.), The mechanics of the contact between deformable bodies, University Press, Delft 1975.
J. Diehl, in: Moderne Probleme der Metallphysik, Bd. 1, herausg. A. Seeger, Springer-Verlag, Berlin 1965, S. 227.
J. Diehl, Z. Metallkunde **47** (1956) 331, 412.
D. J. Dingley, D. McLean, Acta Met. **15** (1967) 885.
D. G. Doran, R. K. Linde, in: Solid State Physics **19** (1966) 229.
H. L. Dunegan, C. A. Tatro, in: Techniques of Metals Research, Vol. V, Part 2, R. F. Bunshah, ed,. Interscience, New York 1971.
J. W. Edington, K. N. Melton, C. P. Cutler, Progr. Mat. Science **21** (1976) 63.
A. Edner, Z. Phys. **73** (1932) 623.
E. Ehler, Wiss. Z. der Universität Rostock **15** (1966) 425.
W. Epprecht, Werkstoffkunde der Kerntechnik, Birkhäuser, Basel 1961.
J. D. Eshelby, in: Solid State Physics **3** (1956) 79.
U. Essmann, M. Rapp, M. Wilkens, Acta Met. **16** (1968) 1275.
C. E. Feltner, C. Laird, Acta Met. **15** (1967) 1621.
J. G. Ferry, Viscoelastic Properties of Polymers, J. Wiley, 2nd ed., New York 1970.
M. E. Fine, in: The strengthening of metals, ed. by D. Peckner, Reinhold, New York 1964, S. 141.
E. S. Fisher, L. C. R. Alfred, Trans. Met. Soc. AIME **242** (1968) 1575.
R. M. Fisher, J. S. Lally, in: Dislocation Dynamics, ed. by A. R. Rosenfield, G. T. Hahn, A. L. Bement, Jr., R. I. Jaffee, McGraw-Hill, New York 1968, S. 617.
A. J. E. Foreman, M. J. Makin, Canad. J. Physics **45** (1967) 511.
A. J. E. Foreman, Acta Met. **3** (1955) 322.
P. G. Forrest, Fatigue of Metals, Pergamon Press, Oxford 1962.
P. J. E. Forsyth, Proc. Roy. Soc. (Ldn.) **A242** (1957) 198.
F. C. Frank, J. H. van der Merwe, Proc. phys. Soc. **198** (1949) 205.
Ja. I. Frenkel, T. A. Kontorova (Я. И. Френкель, Т. А. Конторова), Ž. Exp. Teor. Fiz. **8** (1938) 89; 1340; 1349.
J. Friedel, Dislocations, Pergamon Press, Oxford 1964.

G. FRIEDEL, Lecons de Crystallographie, Berger Levrault, Paris 1926.

P. C. J. GALLAGHER, Metallurgical Transactions 1 (1970) 2429.

F. GAROFALO, Fundamentals of Creep and Creep-Rupture in Metals, Macmillan, New York 1965.

P. C. GEHLEN, J. R. BEELER, JR., R. I. JAFFEE, eds., Interatomic Potentials and Simulation of Lattice Defects, Plenum Press, New York 1972.

V. GEROLD, Z. Metallkunde **62** (1971) 796.

J. J. GILMAN, Progr. Ceramic Sci. **1** (1961) 146.

K. F. v. GÖLER, G. SACHS, Z. Physik **41** (1929) 103.

P. GORDON, R. A. VANDERMEER, Trans. Met. Soc. AIME **224** (1962) 917.

M. W. GRABSKI, Struktura Granic Ziarn W Metalach, Wydawnictwo „Słask“, Katowice 1969.

R. A. GRAHAM, J. Acoust. Soc. America **51** (1972) 1576.

A. GRANATO, K. LÜCKE, J. Appl. Phys. **27** (1956) 583, 789.

J. GREWEN, in: Mechanische Anisotropie, herausg. v. H. P. STÜWE, Springer-Verlag, Wien 1974, S. 73.

A. A. GRIFFITH, Phil. Trans. Roy. Soc. **A221** (1920) 163.

D. GRZESIK, in: Mechanische Anisotropie, herausg. v. H. P. STÜWE, Springer-Verlag, Wien 1974, S. 231 ff.

A. GUINIER, J. TENNEVIN, Progr. Metal Physics **2** (1950) 177.

V. E. GUL (B. E. Гул), Struktura i pročnost' polimerov, Chimija, Moskau 1971.

P. HAASEN, Phil. Mag. **3** (1958) 384.

P. HAASEN, in: Physical Metallurgy, ed. by R. W. CAHN, North-Holland Publ. Co., Amsterdam 1970, S. 1011.

P. HAASEN, Trans. Japan Institute of Metals **9** (1968) Suppl., 40.

P. HAASEN, Disc. of the Faraday Society, No. **38** (1964) 191.

A. HÄSSNER, Korngrenzendiffusion in Metallen, in: Diffusion in metallischen Werkstoffen, VEB Deutscher Verlag für Grundstoffindustrie, Leipzig 1970, S. 41 ff.

H. G. HAHN, Bruchmechanik, Teubner, Stuttgart 1976.

E. O. HALL, Twinning and diffusionless transformations in metals, Butterworths, London 1954.

J. R. HANCOCK, J. C. GROSSKREUTZ, Acta Met. **17** (1969) 77.

C. HERRING, in: „Structure and Properties of Solid Surfaces“, ed. By R. GOMER, C. S. SMITH, Univ. of Chicago Press, 1953, S. 5 ff.

P. B. Hirsch, A. Howie, R. B. Nicholson, D. W. Pashley, M. J. Whelan, Electron Microscopy of Thin Crystals, Butterworths, London 1965.

J. P. Hirth, J. Lothe, Theory of Dislocations, McGraw-Hill, New York 1968.

J. P. Hirth, Metallurgical Transactions **1** (1970) 2367.

J. P. Hirth, Metallurgical Transactions **3** (1972) 3047.

E. D. Hondros, in: Interfaces, ed. by R. C. Gifkins, NPL, London 1969.

R. W. K. Honeycombe, The plastic deformation of metals, E. Arnold, London 1968.

R. E. Hook, J. P. Hirth, Trans. Japan Inst. Metals **9** (1968) Suppl. 778.

R. Hooke, Lectures De Potentia Restitutiva, or of Spring, Explaining the Power of Springing Bodies, London: John Martyn 1678.

E. Hornbogen, G. Wassermann, Z. Metallk. **47** (1956) 427.

V. L. Indenbom, Kristallografiya **3** (1958) 197.

V. S. Ivanova, V. F. Terentjev (В. С. Иванова, В. Ф. Терентьев), Priroda ustalosti metallov, Metallurgija, Moskau 1975.

W. Johnson, Impact Strength of Materials, E. Arnold, London 1972.

W. Johnson, P. B. Mellor, Engineering Plasticity, Van Nostrand, London 1973.

R. H. Johnson, Metall. Reviews **15** (1970) 115.

H. Jones, Metals Science Journal **5** (1971) 15; **1** (1967) 211.

R. M. Jones, Mechanics of composite materials, McGraw-Hill, New York 1975.

M. H. Kamdar, Embrittlement by Liquid Metals, Progr. Materials Science **15** (1973) 287.

T. S. Kê, Phys. Rev. **71** (1947) 533.

A. J. Kennedy, Processes of Creep and Fatique in Metals, Oliver and Boyd, London 1962.

P. Kenny, J. D. Campbell, Fracture Toughness, Progr. Materials Science **13** (1968) 137—181.

F. Kerkhof, in: G. C. Sih, ed., S. 3.

A. Kelly, Strong solids, Clarendon Press, Oxford 1966.

R. Kinslow, High-Velocity Impact Phenomena, Academic Press, New York 1970.

M. V. Klassen-Nekljudova (М. В. Классен-Неклюдова), Mechaničeskoe dvoinikovanie kristallov, Izd. ANSSSR, Moskau 1960.

H. Kobayashi, Y. Hiki, Phys. Rev. **B7** (1973) 594.
U. F. Kocks, Metallurgical Transactions **1** (1970) 1121.
U. F. Kocks, A. S. Argon, M. F. Ashby, Thermodynamics and Kinetics of Slip, Pergamon Press, Oxford 1975, in: Progress in Materials Science, Vol. 19.
U. F. Kocks, H. S. Chen, D. A. Rigney, R. J. Schaefer, in: Work Hardening, Gordon and Breach, New York 1968, S. 151.
A. M. Kosevič (A. M. Косевич), Uspechi Fizičeskich Nauk **84** (1964) 579.
J. A. Kraftmacher, P. G. Strelkov (Ю. А. Крафтмахер, П. Г. Стрельков), Fiz. tverd. tela **4** (1962) 2271.
I. V. Kragelskij, I. M. Ljubarskij, A. A. Gusljakov, G. I. Trojanovskaja, V. F. Udovenko (I. В. Крагелский и др.), Trenie i iznos v vakuume, Moskau 1973.
E. Kröner, Kontinuumstheorie der Versetzungen und Eigenspannungen, Springer-Verlag, Berlin 1958.
E. Kröner, in: Mechanische Anisotropie, herausg. v. H. P. Stüwe, Springer-Verlag, Wien 1974, S. 149.
M. L. Kronberg, J. Nucl. Materials **1** (1959) 85.
H. Kronmüller, in: Moderne Probleme der Metallphysik, Bd. 1, herausg. v. A. Seeger, Springer-Verlag, Berlin 1965, S. 126ff.
R. Labusch, Acta Met. **20** (1972) 917.
P. Lacombe, in: Déformation Plastique des Métaux et Alliages, (G. Champier, G. Saada eds.), S. 143.
Landolt-Börnstein, Zahlenwerte und Funktionen, 6. Auflage, Bd. 4, Teil 1 (1955).
T. G. Langdon, F. A. Mohamed, J. Mat. Sc. **11** (1976) 317.
K. Lange, Lehrbuch der Umformtechnik, Bd. 1 (1972), Bd. 2 (1974), Springer-Verlag, Berlin.
F. Laves, Naturwiss. **30** (1952) 546.
D. Lee, Acta Met. **17** (1969) 1057.
G. Lehmann, B. Pegel, in: „Elektronenstruktur“, Deutscher Verlag für Grundstoffindustrie, Leipzig 1972, S. 191ff.
G. Leibfried, Gittertheorie der mechanischen und thermischen Eigenschaften der Kristalle. in: Hdb. der Physik, herausg. v. S. Flügge, Bd. VII, Teil 1, Springer-Verlag, Berlin 1955, 104ff.
G. Leibfried, W. Ludwig, Theory of Anharmonic Effects in Crystals, in: Solid State Physics, ed. by F. Seitz and D. Turnbull, Vol. 12, Academic Press, New York, 1961, pp. 275.

G. LEITNER, Dissertation TU Dresden 1971.
W. C. LESLIE, J. T. MICHALAK, F. W. AUL, in: Iron and its Dilute Solid Solutions, Interscience Publ., New York 1962, p. 119.
J. LETEURTRE, Y. QUÉRÉ, Irradiation effects in fissile materials, North-Holland Publ. Co., Amsterdam 1972.
J. C. M. LI, Acta Met. **8** (1960) 296; 563; in: Electron Microscopy and Strength of Crystals, ed. by G. THOMAS, J. WASHBURN, Interscience, New York 1963, p. 713.
H. I. LIAH HUANG, O. D. SHERBY, J. E. DORN, Trans. Met. Soc. AIME **206** (1956) 1385.
H. LIEBOWITZ, ed., Fracture, Academic Press, New York 1968 bis 1969.
J. D. LIVINGSTON, Acta Met. **10** (1962) 229.
J. R. LOW, JR., The Fracture of Metals, Progr. Materials Science **12** (1963) 1—96.
M. G. LOZINSKIJ (М. Г. Лозинский) (Herausg.), Vysokoskorostnaja deformacija, Izd. Nauka, Moskau 1971.
W. LUDWIG, Festkörperphysik, Akadem. Verlagsgesellschaft, Frankfurt/M. 1970.
B. LÜTHI, R. J. POLLINA, Phys. Rev. **167** (1968) 488.
A. LUFT, J. RICHTER, W. REITZENSTEIN, P. FINKE, in: Reinststoffe in Wissenschaft und Technik, 3. Internationales Symposium Dresden 1970, Akademie-Verlag, Berlin 1972, S. 285—320.
A. I. LUR'E (А. И. Лурье), Teorija uprugosti, Izdat. Nauka, Moskau 1970.
R. A. MACDONALD, Phys. Rev. **B5** (1972) 4139.
A. F. MADAYAG, ed., Metal Fatigue: Theory and Design, J. Wiley, New York 1969.
S. MADER, Z. Physik **149** (1957) 73.
M. J. MAKIN, T. H. BLEWITT, Acta Met. **10** (1962) 241.
E. M. MAKUŠOK (Е. М. Макушок), Mechanika trenija, Izd. „Nauka i Technika", Minsk 1974.
J. R. MANNING, Diffusion Kinetics for Atoms in Crystals, Van Nostrand, London 1968.
S. S. MANSON, Thermal Stress and Low-Cycle Fatigue, McGraw-Hill, New York 1966.
K. MARUKAWA, J. Phys. Soc. Japan **22** (1967) 499.
S. S. MATHUR, Y. P. SHARMA, P. N. GUPTA, J. Appl. Phys. **42** (1971) 5335.

K.-H. MATUCHA, P. WINCIERZ, in: Mechanische Anisotropie, herausg. v. H. P. STÜWE Springer-Verlag Wien, 1974, S. 201 ff.
R. D. MCCAMMON, H. M. ROSENBERG, Proc. Roy. Soc. (Ldn.) **A242** (1957) 203.
D. MCLEAN, Grain Boundaries in Metals, Clarendon Press, Oxford 1957.
D. MCLEAN, Mechanical Properties of Metals, J. Wiley, New York 1962.
R. G. MCQUEEN, S. P. MARSH, J. W. TAYLOR, J. N. FRITZ, W. J. CARTER, in: R. KINSLOW (ed.), S. 293.
H. J. MCSKIMIN, P. ANDREATCH, JR., J. Appl. Phys. **38** (1967) 2610.
J. D. MEAKIN, Canadian J. of Physics **45** (1967) 1121.
H. MECKING, K. LÜCKE, Scripta Met. **4** (1970) 427.
E. L. MEEKS, R. T. ARNOLD, Phys. Rev. **B 1** (1970) 982.
O. MESSERER, Über Elastizität und Festigkeit der menschlichen Knochen, Verl. Cottasche Buchhandlung, Stuttgart 1880.
W. METAG, Z. Phys. **78** (1932) 363.
R. v. MISES, Z. angew. Math. Mech. **8** (1928) 161.
T. E. MITCHELL, P. L. RAFFO, Canad. J. Phys. **45** (1967) 1047.
TH. MÜLLER, Diss. TU Dresden 1975 (a).
TH. MÜLLER, Kristall und Technik **10** (1975b) 805.
W. W. MULLINS, Metal Surfaces: Structure, Energetics and Kinetics, ASM (1963).
F. D. MURNAGHAN, Finite Deformation of an Elastic Solid, Chapman and Hall, London 1951.
T. MUTO, Y. TAKAGI, Solid State Physics **1** (1955) 193.
D. F. MOORE, Principles and applications of tribology, Pergamon Press, Oxford 1975.
F. R. N. NABARRO, Theory of Crystal Dislocations, Oxford Univ. Press, 1967.
F. R. N. NABARRO, Z. S. BASINSKI, D. B. HOLT, in: Adv. Physics **13** (1964) No. 50.
Y. NAKAGAWA, K. YAMANOUCHI, K. SHIBAYAMA, J. Appl. Phys. **44** (1973) 3969.
H. NEUHÄUSER, N. HIMSTEDT, phys. stat. sol. (a) **3** (1970) 929.
H. NEUHÄUSER, N. HIMSTEDT, CH. SCHWINK, phys. stat. sol. (a) **3** (1970) 585.
L. E. NIELSEN, Mechanical Properties of Polymers and Composites, Vol. 2, M. Dekker, New York 1974.
J. NIXDORF, Anorganische Faserwerkstoffe, Ber. Dt. Keram. Ges. 1968, Heft 4, S. 141.

W. Nowacki, Teoria Sprężystości, Warszawa 1970.
A. S. Nowick, B. S. Berry, Anelastic Relaxation in Crystalline Solids, Academic Press, New York 1972.
J. F. Nye, Physical Properties of Crystals, Clarendon Press, Oxford 1957.
E. Orowan, Proc. Phys. Soc. (Ldn) **52** (1940) 8.
Ju. A. Osipjan, R. I. Entin (Ю. А. Осипьян, Р. И. Энтин), Herausg., Nesoveršenstva kristalličeskogo stroenija i martensitnye prevraščenija, Izd. Nauka, Moskau 1972.
D. W. Palmer, M. W. Thompson, P. D. Townsend, eds., Atomic Collision Phenomena in Solids, North-Holland Publ. Co., Amsterdam 1970.
P. Paufler, Wiss. Z. TU Dresden **17** (1968) 793.
P. Paufler, in: Intermetallische Phasen, Deutscher Verlag für Grundstoffindustrie, Leipzig 1977, S. 165
P. Paufler, D. Leuschner, Kristallographische Grundbegriffe der Festkörperphysik, Akademie-Verlag, Berlin 1975.
M. Peach, J. S. Koehler, Phys. Rev. **80** (1950) 436.
B. Pegel, Eigenschwingungen paralleler Versetzungen, Habilitationsschrift, TU Dresden 1968.
H. Peisl, Naturwiss. **59** (1972) 344.
J. Picht, J. Heydenreich, Einführung in die Elektronenmikroskopie, Verlag Technik, Berlin 1966.
H. R. Piehler, W. A. Backofen, The Prediction of Anisotropic Yield for Textured Sheets. In: Texturen in Forschung und Praxis, herausg. v. J. Grewen und G. Wassermann, Springer-Verlag, Berlin 1969, S. 436ff.
E. Pink, Z. Metallk. **64** (1973) 871.
W. Pompe, Eigenschaften von Phasengemischen, in: Phasenumwandlungen im festen Zustand, Deutscher Verlag für Grundstoffindustrie, Leipzig 1973, S. 105.
H. Pops, Metallurgical Transactions **1** (1970) 251–58.
V. S. Postnikov (В. С. Постников), Vnutrennee trenie v metallach, 2. Aufl., Izd. Metallurgija, Moskau 1974.
P. L. Pratt, ed., Fracture 1969. Proc. of the 2nd international conf. on fracture, Brighton, (1969), Chapman and Hall, London 1969.
A. A. Predvoditelev, O. A. Troitskij (А. А. Предводителев, О. А. Троицкий), Dislokatsii i točečnye defekty v geksagonal'nych metallach, Atomizdat, Moskau 1973.
Y. Quéré, Défauts ponctuels dans les métaux. Masson, Paris 1967.

E. RABINOWICZ, Friction and Wear of Materials, J. Wiley, New York 1965.
N. K. RAKOVA, A. A. PREDVODITELEV (Н. К. РАКОВА, А. А. ПРЕДВОДИТЕЛЕВ), in: Relaksatsionnye javlenija v tverdych telach, herausg. v. V. S. POSTNIKOV, Izd. Metallurgija, Moskau 1968, S. 283.
W. T. READ, Dislocations in crystals, J. Wiley, New York 1953.
R. E. REED-HILL, J. P. HIRTH, H. C. Rogers, Deformation Twinning, Gordon and Breach, New York 1964.
P. A. REHBINDER, E. D. SHUCHKIN, Progr. Surface Science **3** (1972) 97.
C. N. REID, Deformation Geometry for Materials Scientists, Pergamon Press, Oxford 1973.
J. R. RICE, N. LEVY, in: A. S. ARGON, l. c.
M. W. RILEY, M. J. SKOVE, Physical Review B **8** (1973) 466 bis 474.
A. S. SAADA, Elasticity: Theory and Applications, Pergamon Press, Oxford 1974.
G. SACHS, J. WEERTS, Z. Phys. **62** (1930) 473.
E. M. SAWIZKI, Perspektiven der Metallforschung, Akademie-Verlag, Berlin 1977.
H. SCHARF, P. LUKÁČ, M. BOČEK, P. HAASEN, Z. Metallk. **59** (1968) 799.
F. SCHLÄT, Dissertation TU Dresden 1968.
E. SCHMID, W. BOAS, Kristallplastizität, Springer-Verlag, Berlin 1935.
G. K. SCHMIDT, C. HOLSTE, W. KLEINERT, K. MECKE, K. MORGENSTERN, H.-D. SCHUMANN (Veröff. in Vorb.).
K. SCHMITT-THOMAS, H. KLINGELE, A. WOITSCHECK, Prakt. Metallographie **7** (1970) 538.
D. SCHMOECKEL, Untersuchungen über die Werkzeuggestaltung beim Vorwärts-Hohlfließpressen von Stahl und NE-Metallen. Ber. Inst. f. Umformtechnik, TH Stuttgart, Nr. 4, Essen, Girardet (1966).
H. SCHÖNFELD, Z. Phys. **75** (1932) 442.
M. SCHUBERT, Ann. Phys. (7) **23** (1964) 73.
B. SCHULTRICH, Ann. Phys. (7) **27** (1971) 168.
B. SCHULTRICH, H.-G. SCHÖPF, Ann. Phys. (7) **28** (1972) 276.
G. E. R. SCHULZE, Entw. d. Metallphysik, Berlin 1977
G. E. R. SCHULZE, Metallphysik, Akademie-Verlag, Berlin, 2. Aufl. (1974), 1. Aufl. (1967), Springer, Wien 1974

A. SEEGER, in: Handbuch der Physik VII/1, herausgeg. v. S. FLÜGGE, Springer-Verlag, Berlin 1955

A. SEEGER, in: Handbuch der Physik VII/2, herausgeg. v. S. FLÜGGE, Springer-Verlag, Berlin 1958b

A. SEEGER, Proc. 2nd Intern. Conf. Peaceful Uses of Atomic Energy, Genf, United Nations, New York 1958a, Vol. 6, p. 250.

A. SEEGER, in: The Relation Between the Structure and Mechanical Properties of Metals, NPL Conference H.M.S.O. 1963,

A. SEEGER, Herausg., Moderne Probleme der Metallphysik, Bd. 1, Springer-Verlag, Berlin 1965.

A. SEEGER, O. BUCK, Z. Naturf. **15a** (1960) 1056–1067.

A. SEEGER, P. SCHILLER, in: Physical Acoustics Vol. IIIA, ed. by W. P. MASON, Academic Press, New York 1966, Kap. 8.

G.-P. SEIDEL, Z. Metallkunde **59** (1968) 82.

M. SHEN, D. A. MCQUARRIE, J. L. JACKSON, J. Appl. Phys. **38** (1967) 791.

O. D. SHERBY, P. M. BURKE, Progr. Mat. Science **13** (1967) 325.

G. C. SIH, ed., Dynamic crack propagation, Noordhoff Int. Publ., Leyden 1973.

G. S. SIH, H. C. VAN ELST, D. BROEK, eds., Prospects of Fracture Mechanics, Noordhoff Int. Publ., Leyden 1974.

T. E. SIMKINS, in: Surfaces and Interfaces I, ed. by J. J. BURKE, N. L. REED, V. WEISS, Syracuse Univ. Press. 1967 S. 255ff.

J. A. SIMMONS, R. DE WIT, R. BULLOUGH, eds., Fundamental Aspects of Dislocation Theory, Nat. Bur. Standards Spec. Publ. 317, Vol. 1 and 2, Washington 1970.

R. E. SMALLMAN, Modern Physical Metallurgy, 2nd ed., Butterworths, London 1963.

W. I. SMIRNOW, Lehrgang der höheren Mathematik, Teil III, 1, Deutscher Verlag der Wissenschaften, Berlin 1954.

C. J. SMITHELLS, Metals Reference Book, 4th ed., Butterworths, London 1967.

I. N. SNEDDON, D. S. BERRY, The Classical Theory of Elasticity, Hdb. d. Physik, herausg. v. S. FLÜGGE, Bd. VI, Springer-Verlag, Berlin 1958, S. 1ff.

J. L. SNOEK, Physica **8** (1941) 711.

V. I. STARTSEV, V. JA. ILJIČEV, V. V. PUSTOVALOV (В. И. СТАРЦЕВ и др.), Plastičnost i pročnost metallov i splavov pri nizkich temperaturach, Metallurgija, Moskau 1975.

J. W. STEEDS, Introduction to Anisotropic Elasticity Theory of Dislocations, Clarendon, Oxford 1973.

M. Steiding, Diplomarbeit TU Dresden 1966.
J. Stephens, W. R. Witzke, J. Less-common Metals **40** (1975) 195.
R. L. Stocker, M. F. Ashby, Rev. Geophys. Space Phys. **11** (1973) 391.
N. S. Stoloff, R. G. Davies, Progr. Materials Science **13** (1966) No. 1, 1–84.
N. P. Suh, A. P. L. Turner, Elements of the Mechanical Behavior of Solids, McGraw-Hill, New York 1975.
J.-I. Takamura, in: Physical Metallurgy; ed. by R. W. Cahn, 2nd ed., North-Holland Publ. Co., Amsterdam 1970, pp. 857.
R. Taprogge, R. Scharwächter, P. Hahnel, Faserverstärkte Hochleistung-Verbundwerkstoffe, Vogel, Würzburg 1975.
H. Tas, L. Delaey, A. Deruyttere, J. Less-Common Metals **28** (1972) 141.
G. I. Taylor, Proc. Roy. Soc. **145** (1934) 362.
G. I. Taylor, J. Inst. Metals **62** (1938) 307.
J. W. Taylor, in: Dislocation Dynamics, ed. by A. R. Rosenfield, G. T. Hahn, A. L. Bement, Jr., R. I. Jaffee, Mc Graw-Hill, New York 1968.
A. S. Tetelman, A. J. McEvily, Bruchverhalten technischer Werkstoffe, Verl. Stahleisen, Düsseldorf 1971.
M. W. Thompson, Defects and Radiation Damage in Metals, Cambridge Univ. Press 1969.
R. N. Thurston, K. Brugger, Phys. Rev. **133** (1964) A1604.
R. N. Thurston, Handb. d. Physik, herausg. v. S. Flügge, Bd. VIa/4, Springer-Verlag, Berlin 1974.
L. R. G. Treloar, Trans. Faraday Soc. **40** (1944) 59.
C. Truesdell, W. Noll, The Non-Linear Field Theories of Mechanics, Hdb. d. Physik. herausg. v. S. Flügge, Bd. III/3, Springer-Verlag, Berlin 1965, S. 1ff.
A. C. Ugural, S. K. Fenster, Advanced Strength and Applied Elasticity, American Elsevier, New York 1975.
A. H. Uppal, S. D. Probert, Wear **20** (1972) 381.
H. G. Van Bueren, Imperfections in Crystals, North-Holland Publ. Co., Amsterdam 1960.
J. D. Višnjakov (Ю. Д. Вишняков), Defekty upakovki v kristalličeskoj strukture, Metallurgija, Moskau 1970.
F. L. Vook, ed., Radiation Effects in Semiconductors, Plenum Press, New York 1968.
H. Warlimont, L. Delaey, Martensitic transformations in

Copper-Silver- and Gold-based alloys, Progr. Mat. Sc. 18 (1974) 1.

J. WEERTMAN, in: Physics of Strength and Plasticity, ed. by A. S. ARGON, M.I.T. Press, Cambridge 1969.

J. WEERTMAN, J. R. WEERTMAN, in: Physical Metallurgy, ed. by R. W. CAHN, 2nd ed., North-Holland Publ. Co., Amsterdam 1970, S. 983.

W. WEISSBACH, Werkstoffkunde und Werkstoffprüfung, 4. Aufl., Verlag Vieweg, Braunschweig 1974.

K. WELLINGER, E. KRÄGELOH, Herausg., Werkstoffe und Werkstoffprüfung, Grundlagen, 4 Bde. Rowohlt, Hamburg 1971.

J. H. WESTBROOK, ed., Intermetallic Compounds, J. Wiley, New York 1967.

H. WILSDORF, J. T. FOURIE, Acta Met. 4 (1956) 271.

H. YOSHINAGA, K. TOMA, K. ABE, S. MOROZUMI, Phil. Mag. 23 (1971) 1387.

D. A. ZAUKELIES, J. Appl. Phys. 33 (1962) 2797.

C. ZENER, Elasticity and Anelasticity of Metals, University of Chicago Press, Chicago 1948.

Quellenverzeichnis

Abb. 1.1.	Canadian J. of Physics **45** (1967) 1121.
Abb. 2.1.	Growth and Perfection of Crystals, ed. by R. H. DOREMUS, B. W. ROBERTS, D. TURNBULL, J. Wiley and Sons, N.Y. 1958, p. 157.
Abb. 2.1 A.	Trans. Faraday Soc. **40** (1944) 59.
Abb. 2.1 B.	J. Appl. Phys. **38** (1967) 79.
Abb. 2.1 C.	Wiss. Z. Univ. Rostock **15** (1966) 425.
Abb. 2.7.	Phys. Review **B1** (1970) 2722.
Abb. 2.8.	dto. S. 982.
Abb. 3.1.	G. LEITNER, Diss. TU Dresden 1971.
Abb. 3.1 B.	Fiz. tverd. tela **4** (1962) 2271.
Abb. 3.14 B.	G. CHAMPIER, G. SAADA, eds., Déformation Plastique des Métaux et Alliages, Masson, Paris 1968, S. 89.
Abb. 3.22.	W. T. READ, Dislocations in Crystals, Wiley 1953.
Abb. 3.24.	M. W. GRABSKI, Struktura Granic Ziran W Metalach, Katowice 1969
Abb. 3.25.	dto.

Abb. 3.26. Trans. AIME **224** (1962) 917.
Abb. 3.28. Metall. Trans. **3** (1972) 3047.
Abb. 3.29. Trans. Japan Inst. Metals **9** (1968) Suppl. 77.
Abb. 4.1. Relaksacionnye javlenija v tverdych telach, herausg. v. V. S. Postnikov, Izd. Metallurgija, Moskva 1968, S. 283.
Abb. 4.3. Metall. Trans. **1** (1970) 251.
Abb. 4.4. Physical Acoustics, Vol. II A, ed. by W. P. Mason, AP New York 1966, Kap. 1.
Abb. 4.5. u. 4.7. V. S. Postnikov, Vnutrennee trenie v metallach, 2. Aufl. Izd. Metallurgija, Moskva 1974.
Abb. 4.8. F. Schlät, Diss. TU Dresden 1968.
Abb. 4.9. Phys. Rev. **71** (1947) 533.
Abb. 4.10. Phys. Rev. **167** (1968) 488.
Abb. 5.2. Ber. Inst. f. Umformtechnik, TH Stuttgart, Nr. 4, Essen, Girardet 1966.
Abb. 5.3. u. 7.15b. Z. Metallk. **59** (1968) 82.
Abb. 5.4. J. F. Bell, The Phyics of Large Deformation of Crytalline Solids, Springer-Verlag, Berlin 1968.
Abb. 5.5. Mechanische Anisotropie, herausg. v. H. P. Stüwe, Springer-Verlag 1974, S. 231.
Abb. 6.1. Wiss. Z. TU Dresden **17** (1968) 793.
Abb. 6.5. M. Steiding, Dipl. Arbeit TU Dresden 1966.
Abb. 6.8. Kristall u. Technik **10** (1975) 805.
Abb. 6.9. u. 12.1. Dislocation Dynamics, ed. by A. R. Rosenfield, G. T. Hahn, A. L. Bement, Jr., R. I. Jaffee, McGraw-Hill, 1968, S. 617.
Abb. 6.10. Canad. J. Physics **45** (1967) 511.
Abb. 6.11. 7.19b. u. 6.13. Th. Müller, Diss. TU Dresden 1975.
Abb. 6.12. J. Phys. Soc. Japan **22** (1967) 499.
Abb. 7.3. V. E. Gul, Struktura i procnost polimerov, Moskva 1971.
Abb. 7.4. Z. Physik **149** (1957) 73.
Abb. 7.5., 7.20. u. 7.6. Reinststoffe in Wissenschaft und Technik, 3. Internationales Symposium Dresden 1970, Akademie-Verlag, Berlin 1972, S. 285.
Abb. 7.7. Acta Met. **10** (1962) 229.
Abb. 7.8. Acta Met. **15** (1967) 885.
Abb. 7.9. Phil. Mag. **23** (1971) 1387.
Abb. 7.10a. Z. Phys. **62** (1930) 473.
Abb. 7.10b. Z. Metallkunde **59** (1968) 799
Abb. 7.10c. Z. Phys. **73, 75, 78** (1932) 623, 442, 363.

Abb. 7.12. Acta Met. **3** (1955) 525.
Abb. 7.13. J. Inst. Metals **96** (1968) 167.
Abb. 7.14a u. 7.15b. Moderne Probleme der Metallphysik Bd. 1, herausg. v. A. SEEGER, Springer-Verlag, Berlin 1965, S. 227.
Abb. 7.15a. Acta Met. **10** (1962) 241.
Abb. 7.16. J. R. BEELER, Symposium on Atomic Collision Cascades, AERE-R-4694 (1964).
Abb. 7.17. Proc. 2nd Intern. Conf. Peaceful Uses of Atomic Energy, Genf, United Nations, N.Y. (1958) Vol. 6, 250.
Abb. 7.18. Proc. Roy. Soc. (Ldn.) **A233** (1955) 17.
Abb. 7.19a. Canad. J. Phys. **45** (1967) 1047.
Abb. 7.21. Phil. Mag. **3** (1958) 384.
Abb. 7.22. Progr. Mat. Science **13** (1966) 1.
Abb. 7.23. V. I. STARTSEV, V. JA. ILJIČEV, V. V. PUSTOVALOV, Plastičnost i pročnost metallov i splavov pri nizkich temperaturach, Moskva 1975.
Abb. 7.25. Iron and its Dilute Solid Solutions, Interscience 1962, S. 119.
Abb. 7.27. Progr. Metal Physics **2** (1950) 177.
Abb. 7.29. Trans. Met. Soc. AIME **206** (1956) 1385.
Abb. 7.30. Physical Metallurgy, ed. by R. W. CAHN, 2nd ed., North-Holland 1970, S. 983.
Abb. 7.33. Progr. Mat. Science **13** (1967) 325.
Abb. 7.34. J. Mat. Science **11** (1976) 317.
Abb. 8.1. Work Hardening, Gordon and Breach 1968, S. 151.
Abb. 8.2. Acta Met. **3** (1955) 186.
Abb. 8.3. Z. f. techn. Phys. **12** (1931) 71.
Abb. 9.3. A. J. KENNEDY, Processes of Creep and Fatigue in Metals, Edinburgh 1962.
Abb. 9.4. u. 9.5. Proc. Roy. Soc. (Ldn.) **A242** (1957) 203 und 198.
Abb. 10.1. Symposium on Impact Testing, ASTM (1955) 176.
Abb. 10.2. G. C. SIH, ed., Dynamic crack propagation, Noordhoff Int. Publ., Leyden.
Abb. 10.7. Progr. Mat. Science **13** (1968) 137.
Abb. 11.1. E. SCHMID, W. BOAS, Kristallplastizität, Springer-Verlag, Berlin 1935.
Abb. 11.5. Acta Met. **1** (1953) 49.
Abb. 11.12. Z. Metallk. **47** (1956) 427.
Abb. 11.13. J. Less-Common Metals **28** (1972) 141.
Abb. 12.2. Solid State Physics **19** (1966) 229.

Abb. 12.3. Uspechi fiz. nauk **85** (1965) 197.

Abb. 12.5. R. Kinslow, ed., High-velocity Impact Phenomena, AP, 1970, S. 293.

Abb. 13.1. J. Nixdorf, Anorganische Faserwerkstoffe, Ber. Dt. Keram. Ges. 1968, Heft 4, 141.

Abb. 13.2. R. Taprogge, R. Scharwächter, P. Hahnel, Faserverstärkte Hochleistungs-Verbundwerkstoffe, Vogel-Verl. 1975.

Abb. 13.3. u. 13.4. A. Kelly, Strong Solids, Oxford 1966.

Abb. 13.5. Acta Met. **17** (1969) 1057.

Abb. 14.1, 14.2, 14.3, 14.4. F. P. Bowden, D. Tabor, Reibung und Schmierung fester Körper, Springer-Verlag, Berlin 1959.

Abb. 14.6. Surfaces and Interfaces I, ed. by J. J. Burke, N. L. Reed, V. Weiss, Syracuse Univ. Press 1967, S. 225.

Abb. 14.7., 14.8. A. D. de Pater, J. J. Kalker, eds., The Mechanics of the Contact between Deformable Bodies, Delft 1975, S. 282 u. 304.

Abb. 14.9. Wear **20** (1972) 381.

Abb. 3.3, 3.4, 3.5a, 3.6, 3.7, 3.8, 3.9, 3.10, 3.11, 3.12, 3.13, 3.14A 7.1, 7.28, 11.5, 11.9. G. E. R. Schulze, Metallphysik, 1. u. 2. Aufl., Akademie-Verlag, Berlin 1967, 1974.

Sachverzeichnis

PETER PAUFLER / DIETER LEUSCHNER

Kristallographische Grundbegriffe der Festkörperphysik

(Wissenschaftliche Taschenbücher, Reihe Mathematik/Physik)

1975. VI, 161 Seiten — 77 Abbildungen — 21 Tabellen — kl. 8° — 8,— M
Bestell-Nr. 762 000 4 (7156)

Das Buch bietet dem festkörper-physikalisch tätigen Studenten und Wissenschaftler eine gedrängte Darstellung der wichtigsten geometrischen Grundbegriffe der Kristallographie. Neben den Grundlagen zur Charakterisierung des Kristallgitters und seinen Symmetrieeigenschaften werden auch Grundkenntnisse der Beschreibung von Kristallstrukturen vermittelt, und schließlich wird auf die in neuerer Zeit immer breitere Kreise interessierenden Störungen der idealen Kristallstruktur eingegangen. Zahlreiche Abbildungen und Tabellen ergänzen den Text und lassen das Buch zu einem selbständigen Hilfsmittel bei der Bearbeitung kristallphysikalischer Probleme werden.

Ihr Buchhändler
hält alle Wissenschaftlichen Taschenbücher für Sie bereit!

THEORIA CUM PRAXI

AKADEMIE-VERLAG · BERLIN

Die Autoren

- behandeln die Grundlagen des elastischen, anelastischen und plastischen Verhaltens kristalliner Festkörper

- gehen von den wichtigsten experimentellen Befunden aus und erörtern die atomaren Ursachen der mechanischen Eigenschaften

- stellen eine Vielzahl von Meßergebnissen in Diagramm- und Tabellenform zusammen

- wenden sich an Naturwissenschaftler und Ingenieure in Lehre, Forschung und Praxis

WISSENSCHAFTLICHE TASCHENBÜCHER

FSC
www.fsc.org
MIX
Papier | Fördert gute Waldnutzung
FSC® C083411

Zeitfracht Medien GmbH
Ferdinand-Jühlke-Straße 7
99095 Erfurt, Deutschland
produktsicherheit@kolibri360.de